Strothmann/Kliche

Innovationsmarketing

KARL-HEINZ STROTHMANN / MARIO KLICHE

INNOVATIONS MARKETING

MARKTERSCHLIESSUNG FÜR SYSTEME
DER BÜROKOMMUNIKATION
UND FERTIGUNGSAUTOMATION

GABLER

Karl-Heinz Strothmann ist Professor für Investitionsgütermarketing an der Freien Universität Berlin.
Mario Kliche ist wissenschaftlicher Mitarbeiter am Institut für Marketing der Freien Universität Berlin.

CIP-Titelaufnahme der Deutschen Bibliothek

Strothmann, Karl-Heinz:
Innovationsmarketing: Markterschliessung für Systeme der
Bürokommunikation und Fertigungsautomation / Karl-Heinz
Strothmann; Mario Kliche. – Wiesbaden: Gabler, 1989
  ISBN-13: 978-3-409-13621-1
NE: Kliche, Mario:

Der Gabler Verlag ist ein Unternehmen der Verlagsgruppe Bertelsmann.

© Betriebswirtschaftlicher Verlag Dr. Th. Gabler GmbH, Wiesbaden 1989
Softcover reprint of the hardcover 1st edition 1989
Lektorat: Ulrike M. Vetter

Satz: SATZPUNKT Ursula Ewert, Braunschweig

ISBN-13: 978-3-409-13621-1   e-ISBN-13: 978-3-322-85751-4
DOI: 10.1007/ 978-3-322-85751-4

Vorwort

Seit geraumer Zeit steht der Begriff *Innovationsmarketing* für eine besondere Form des Investitionsgütermarketing, das im Zusammenhang mit neuen Produkten angewandt wird. Dabei bleibt zunächst offen, was unter neuen Produkten zu verstehen ist. Es kann sich dabei um konventionelle Investitionsgüter handeln, wenn sie in ihrer konstruktiven Auslegung eine entscheidende Verbesserung erfahren haben. Ebenso sind unter dem Begriff der Innovation völlig neue Produkte denkbar, die innerhalb der Abnehmer-Unternehmen bisher nicht gekannte Möglichkeiten erschließen und für die es dementsprechend keine Vorläuferprodukte gibt. Damit wird bereits eine gewisse Bandbreite an Produkt-Neuentwicklungen angesprochen, die durch die Verwendung des Innovationsbegriffes im Zusammenhang mit Marketing abgedeckt ist. Unabhängig davon kann ausgesagt werden, daß ein bislang gemeintes Innovationsmarketing im Zusammenhang mit neuen Investitionsgütern steht, welche in einem nach üblichem Muster verlaufenden Produktentwicklungsprozeß unter Verwendung konventioneller Techniken entstanden.

Mit den bewährten Investitionsgütern vergangener Jahrzehnte, sogar der letzten Jahre, waren Vermarktungsprobleme verbunden, denen mit dem traditionellen Investitionsgütermarketing entsprochen werden konnte (vgl. hierzu bspw. die Ansätze von: Backhaus 1982, Engelhardt/Günter 1981, Strothmann 1979). Das gilt bedingt auch für die Produkte, die neuartige Merkmale aufweisen. Demgegenüber sind völlig andersartige Verhältnisse für Produktentwicklung und Investitionsgütermarketing zu sehen, seit die Mikroelektronik die Entwicklung zu integrierten, funktionsbereichs-übergreifenden Systemen ermöglicht. Gemeint sind integrierte Systeme der Fertigungsautomatisierung und der Bürokommunikation. Für diese ist zu unterstellen, daß sie im weiteren Entwicklungsgang zusammengeführt und Teilsysteme eines unternehmens-integrierenden Gesamtsystems werden.

Zahlreiche Hersteller konventioneller Investitionsgüter sind auf dem Weg zum System-Hersteller. Für sie wird sich das Problem ergeben, inwieweit die bislang geübten Methoden des Marketing auch weiterhin angewandt werden können, insbesondere, wenn eine weitgehende Annäherung an den Status eines Herstellers ganzheitlicher unternehmens-integrierender Systeme erreicht ist.

Die Frage nach einem neuen Marketing stellt sich angesichts der gezeichneten Entwicklung jedoch nicht nur für die Marketingpraxis, sondern gleichermaßen für die Marketingwissenschaft. Letztere ist gefordert, den bislang vertretenen Theoriebestand in Frage zu stellen und dahingehend zu überprüfen, ob dieser einem Marketing für integrierte Systeme noch angepaßt ist. Nur wenn die Marketingwissenschaft sich dieser Aufgabe annimmt, kann sie auch weiterhin auf einen erfolgreichen Erkenntnistransfer in die Marketingpraxis rechnen.

Sollte sich aus den Bemühungen um eine Anpassung der Marketingtheorie an die Verhältnisse integrierter Systeme ein neues Marketing ergeben, dann wird dieses – jedenfalls im Rahmen dieser Abhandlung – in Ermangelung eines besseren Begriffes mit der Bezeichnung *Innovationsmarketing* belegt. Es handelt sich dabei, wie gesagt, um das Marketing für die auf der Grundlage der Mikroelektronik entstandenen funktionsbereichsübergreifenden und unternehmens-integrierenden Systeme.

Erste empirische Untersuchungen belegen, daß in der Tat ein neues Marketing im Sinne eines Innovationsmarketing herausgefordert ist (vgl. Strothmann, u.a. 1987 a, 1987 b, 1988). Schon die vorstehende Betrachtung macht deutlich, daß eine neue Kategorie von Produkten entstand, die gegenüber den traditionellen Investitionsgütern abgegrenzt werden muß. Auch die abnehmerseitig verlaufenden Entscheidungsprozesse werden angesichts einer immensen Tragweite bevorstehender Investitionsentscheidungen andersartige Konturen aufweisen. Damit ist auch der bislang im Investitionsgütermarketing verbreitet angewandte entscheidungsprozeßorientierte Ansatz auf seine Gültigkeit hin zu überprüfen.

Darüber hinaus muß das bisherige Gebäude der Marketing-Instrumentarbereiche und -Instrumente in Frage gestellt werden. Es wird zu diskutieren sein, ob die bislang theoretisch behandelten und in der Praxis angewandten Instrumente noch ihre alte Wirksamkeit behalten, ob nicht eventuell neue Instrumente erdacht und in der Praxis erprobt werden müssen.

In diesem Zusammenhang ist die Frage aufzuwerfen, ob die zur Charakterisierung des Informations- und Entscheidungsverhaltens einkaufsentscheidender Fachleute entwickelten Typologien als tragfähige und aussagekräftige Modelle angesehen werden können (vgl. zu diesen Typologien: Strothmann 1979, S. 90 ff.). Es ist zu vermuten, daß sich das Informations- und Entscheidungsverhalten unter dem Druck der entstandenen Systemtechnik und des damit verbundenen Entscheidungsrisikos grundlegend verändert. Anzunehmen ist auch, daß sich erweiterte und anders strukturierte Buying Center herausbilden. Diese werden sich aller Wahrscheinlichkeit nach zahlenmäßig vergrößern und mit Fachleuten aus Funktionsbereichen besetzt werden, die bislang kaum in Investitionsentscheidungen einbezogen waren.

Schon mit der Betrachtung neuer Merkmale einkaufsentscheidender Fachleute und neuer Buying-Center-Strukturen wird das Problem der Marktsegmentierung angesprochen. Es stellt sich die Frage nach der Tauglichkeit der im traditionellen Investitionsgütermarketing verwendeten Segmentierungskriterien. Das gilt auch für die Segmentierung auf der Ebene der Unternehmen. Diese werden sich in Zukunft stärker als bisher nach den bei ihnen angelegten Innovationspotentialen unterscheiden. Damit deutet sich an, daß die System-Hersteller vor der Notwendigkeit stehen, sogenannte Einstiegssegmente ausfindig zu machen, die für die Erstanwendung prädestinierte Abnehmer-Unternehmen aufweisen. Eine darauf abgestimmte Marktsegmentierungslehre sollte hierfür Unterstützung bieten.

Bei alledem ist zu sehen, daß integrierende Systeme starke Strukturveränderungen in den Unternehmen der Abnehmerseite mit sich bringen. Davon wird nicht nur die Organisation berührt, auch alle Mitarbeiter werden in ungewohnter Weise unter den Einfluß der Technik gestellt. Gravierende Auswirkungen auf das Unternehmensumfeld, gar auf die gesamte Wirtschaft und Gesellschaft, sind nicht auszuschließen. Dies fordert ein Sozio-Marketing heraus, das in einem Innovationsmarketing-Buch kein Randkapitel bleiben darf.

Mit der Darstellung dieser Hypothesen – und um solche muß es sich angesichts des Zustandes eines Innovationsmarketing im besprochenen Sinne handeln – ist gleichzeitig die Themenreihenfolge der folgenden Abhandlung beschrieben.

Während der Arbeit an diesem Buch wurden zunehmend neue Erkenntnisse gewonnen, die schon Niedergeschriebenes in Frage stellten und zu Neufassungen vorhandener Texte veranlaßten. Das erschwerte die Erstellung des Manuskripts über das wohl Übliche hinaus. Nicht zuletzt deshalb schulden die Autoren Frau Erika Kämmerer vom Institut für industrielle Markt- und Werbeforschung, Hamburg, aufrichtigen Dank für ihre Geduld und Sorgfalt bei der Manuskripterstellung. Ebenso sei Frau Dipl.-Volkswirt Karin Maaß vom gleichen Institut gedankt, die die Mühe der Korrekturarbeit auf sich nahm und mit mancher wertvollen Anregung zur endgültigen Fassung dieses Buches beitrug.

Berlin, im August 1989

KARL-HEINZ STROTHMANN
MARIO KLICHE

Inhaltsverzeichnis

Abkürzungsverzeichnis

BC	Buying Center
CAD	Computer Aided Design
CAE	Computer Aided Engineering
CAM	Computer Aided Manufacturing
CAQ	Computer Aided Quality Assurance
CI	Corporate Identity
CIB	Computer Integrated Business
CIM	Computer Integrated Manufacturing
CNC	Computerized Numerical Control
DNC	Direct Numerical Control
EJoM	European Journal of Marketing
etz	Elektrotechnische Zeitschrift
HIP	Unternehmen mit hohem Innovationspotential
HM	Harvard Manager
IJoRM	International Journal of Research in Marketing
IMM	Industrial Marketing Management
ISDN	Integrated Services Digital Network
JoM	Journal of Marketing
JoMR	Journal of Marketing Research
MIP	Unternehmen mit mittlerem Innovationspotential
NC	Numerical Control
NIP	Unternehmen mit niedrigem Innovationspotential
PPS	Produktionsplanungs- und -steuerungssystem
VDI	Verein Deutscher Ingenieure
ZfB	Zeitschrift für Betriebswirtschaft
ZfbF	Zeitschrift für betriebswirtschaftliche Forschung

Abbildungsverzeichnis

Seite

Tabellenverzeichnis

I. Kapitel

Erfordernis zur Anpassung des Investitionsgütermarketing an technische Entwicklungen

Es wird in diesem Kapitel zu begründen sein, warum zumindest für einen bedeutsamen Anteil der neu entstehenden Investitionsgüter ein neues Marketing zu entwickeln und in die Praxis umzusetzen ist, das mit dem Begriff Innovationsmarketing belegt wird. Dabei ist der zentrale Grund für ein neues Marketing in dem von der Mikroelektronik geprägten technischen Entwicklungsprozeß zu sehen, aus dem völlig neuartige Produkte und Systeme hervorgehen. Es wird unterstellt, daß diese innovativen Produkte und Systeme nicht mehr mit herkömmlichen Marketingmethoden zu vermarkten sind.

Die Mikroelektronik muß danach im Mittelpunkt der folgenden Betrachtung stehen. Dies kann in einem Marketingbuch nicht mit der vom ingenieurwissenschaftlich-technischen Standpunkt zu fordernden Akribie geschehen. So sollen keine technischen Details behandelt werden. Es wird vielmehr darauf ankommen, die für das Marketing relevanten Folgen des von der Mikroelektronik ausgehenden technischen Entwicklungsprozesses herauszuarbeiten (vgl. zu den technologischen Grundlagen der Mikroelektronik: Fotilas 1983, S. 15 ff.; Gabel 1983, S. 59 ff.; Noyce 1982, S. 29 ff.).

1. Der auf Mikroelektronik basierende technische Entwicklungsprozeß

1.1 Tendenzen zunehmender Erzeugnis-Komplexität

Mit der Mikroelektronik ist eine Basistechnologie entstanden, die im Zuge ihrer industriellen Anwendung zu einer ständig wachsenden technischen Komplexität von Systemen, Anlagen und Maschinen geführt hat. Diese Entwicklung ist in vollem Gange. Sie wird bis zur Herausbildung einer neuen Basistechnologie die künftigen Produktentwicklungsprozesse bestimmen.

Aus Marketingsicht ist der Begriff der technischen Komplexität vornehmlich vom Standpunkt der Abnehmer zu deuten. Für diese stellt sich als das wesentliche Ergebnis der Mikroelektronik-Anwendung eine neue Generation funktionsgewährleistender Bauelemente dar, auf deren Basis neue Anlagen- und Maschinenbestandteile entstanden sind. Diese neuen Bestandteile – und das ist für das Marketing von besonderem Interesse – entziehen sich weitgehend dem Beurteilungsvermögen einkaufsentscheidender Fachleute innerhalb der Abnehmerbetriebe. Zunächst hängt dies mit den Verständnisschwierigkeiten von Maschinenbauingenieuren und traditionell ausgebildeten Elektroingenieuren gegenüber der Basistechnologie Mikroelektronik zusammen. Größere Beurteilungsprobleme haben kaufmännisch ausgebildete Investitionsentscheider, wenn sie die Aufgabe wahrnehmen, auf derartigen Technologien beruhende Investitionsobjekte zu werten. Diese auf der Abnehmerseite auftretenden Schwierigkeiten veranlassen dazu, die Komplexität von Investitionsgütern als ein Verständnis- und Beurteilungsproblem zu definieren, das in Entscheidungssituationen auftritt.

Die Komplexität als Verständnisproblem erhält eine noch größere Tragweite dadurch, daß die Mikroelektronik immer umfassendere Systeme ermöglicht. Diese entstehen durch Verknüpfung von bislang isoliert operierenden Maschinen und Anlagen. Als Beispiel dafür können flexible Fertigungszellen und -systeme angeführt werden, die die Funktion mehrerer Werkzeugmaschinen übernehmen (vgl. Scheer 1987, S. 51 f.). Analoge Entwicklungen sind auf dem Gebiet Bürokommunikationstechnik zu verzeichnen. Hier werden Büromaschinen und Kommunikationsgeräte mit bisher unterschiedlicher Funktion in einem geschlossenen System zur Integration gebracht (vgl. Kaiser 1986, S. 27 f.).

Mit der Tendenz zur zunehmenden Erzeugnis-Komplexität und dem damit verbundenen Verständnisproblem der Abnehmer sowie den Schwierigkeiten zur Beurteilung komplexer Systeme durch einkaufsentscheidende Fachleute ist ein erster Grund aufgezeigt, das bisher geübte Marketing für Investitionsgüter zu überdenken. Aus Marketingsicht gilt, künftig diesen veränderten Rahmenbedingungen in Entscheidungssituationen zu entsprechen.

1.2 Möglichkeiten zur Erzeugnis-Miniaturisierung

Das wohl auffälligste Ergebnis des gegenwärtig verlaufenden technischen Entwicklungsprozesses ist die drastische Verkleinerung der Produkte, die durch den Einsatz mikroelektronischer Bauelemente entstehen. Dieser permanente Miniaturisierungsprozeß, der auf einer enorm gestiegenen Informations-Integrationsdichte in Mikrochips und Mikroprozessoren beruht, führt nun keineswegs zu einer Einengung herkömmlicher Produktfunktionen; es läßt sich vielmehr eine zunehmende Ausweitung von Funktionen am einzelnen Produkt erkennen. Als Folge ergibt sich eine größere Anwendungsbreite der Produkte.

Mit dem fortschreitenden Miniaturisierungsprozeß geht eine ebenso rasant verlaufende Verbilligung der Produkte einher. Sie hat ihre Ursachen in immer perfekteren Verfahren zur Herstellung von Mikrochips, die bei optimaler Auslegung einer Großserienfertigung eine ständige Senkung der ursprünglich sehr hohen Ausschußquoten ermöglichen. Dabei können die aufgezeigten Entwicklungen keineswegs als abgeschlossen betrachtet werden. Sie werden weitere Impulse durch den sogenannten Mega-Bit-Chip erfahren, mit dem neue, noch nicht übersehbare Möglichkeiten zur Verstärkung der angesprochenen Trends gegeben sind.

4

Als Beispiel für den hier beschriebenen technologischen Wandel läßt sich die Groß-EDV anführen, die in weiten Bereichen durch vielfach kleinere Personal-Computer ersetzt werden kann. Ebenso steht dafür das moderne Komforttelefon, das gegenüber herkömmlichen Telefonapparaten zahlreiche Möglichkeiten der Kommunikationserweiterung und -erleichterung aufweist. Die Reihe der Belege für deutlich verkleinerte und trotz größerer Funktionsvielfalt zugleich verbilligte Produkte ließe sich beliebig fortsetzen.

An dieser Stelle ist die Miniaturisierung und Verbilligung von Produkten, Anlagen und Systemen insoweit interessant, als neue Anwendergruppen in den Stand versetzt werden, diese Produkte einzusetzen. Investitionsobjekte, die in früheren Jahrzehnten nur von finanzstarken Großunternehmen angewendet werden konnten, sind heute auch für mittlere und kleinere Unternehmen erschwinglich geworden. Unternehmen kleinerer Größenordnung repräsentieren ein zunehmend interessanter werdendes Marktsegment, weil sie nunmehr potentielle Abnehmer hochkomplexer Produkte und Systeme geworden sind. Miniaturisierung und Verbilligung haben vielen mittleren und kleineren Unternehmen die Möglichkeit geschaffen, eine prozeßautomatisierte Fertigung ebenso zu installieren wie moderne Verfahren der Bürokommunikationstechnik in ihrer Verwaltung.

Indirekt ist mit diesen Tendenzen des technischen Entwicklungsprozesses erneut das Komplexitätsproblem angesprochen. Mittlere und kleine Unternehmen sind in bezug auf größere Objekte nicht so investitionsgewohnt wie Großunternehmen. Hinzu kommt, daß Unternehmen dieser Größenklasse oftmals nicht über die Spezialisten verfügen, die zur Beurteilung neuer Anlagen und Systeme erforderlich sind. Diese Gegebenheiten machen mittlere und kleine Unternehmen in starkem Maße von den Herstellern abhängig. Sie müssen auf eine intensivere Beratung Wert legen und sind mehr als Großunternehmen darauf angewiesen, objektive und stichhaltige Informationen zu erhalten.

Auch dies veranlaßt, insbesondere mit Blick auf die neuen Marktsegmente im mittelständischen Bereich, über die Tragfähigkeit und die Inhalte des bislang geübten Investitionsgütermarketing nachzudenken. Anderenfalls könnte der für neue Anlagen und Systeme erforderliche Durchsetzungsprozeß vor allem bei der großen Zahl dieser neu entstandenen potentiellen Abnehmerkreise auf entscheidende Barrieren stoßen.

1.3 Beschleunigung des Innovationsgeschehens

Die fortschreitende Anwendung der Mikroelektronik in vielen Wirtschaftsbereichen hat neben der erhöhten technischen Komplexität und Miniaturisierung der erzeugten Produkte zu immer kürzeren Zeitabständen geführt, in denen diese Produkte entstehen und auf den Markt gebracht werden (vgl. zur industriellen Anwendung der Mikroelektronik: Knetsch/Kliche 1986, S. 31 ff.). Auch dies ist auf die in der Mikroelektronik liegenden

Möglichkeiten zurückzuführen. Technische Entwicklungsprozesse unterliegen gegenwärtig einem bislang nicht gekannten Beschleunigungseffekt.

Für die Abnehmer der auf Mikroelektronik basierenden Anlagen und Systeme ergeben sich daraus extreme Schwierigkeiten. Sie stehen bei Investitionsvorhaben vor der Frage, ob sie die Vielzahl der neu entstandenen, am Markt befindlichen Produktangebote hinreichend geprüft und in den Erwägungsprozeß einbezogen haben. Insbesondere stellt sich in Entscheidungssituationen das Problem der schnellen Veralterung am Markt befindlicher Techniken. Damit zusammenhängend ist die Schwierigkeit zu sehen, die Amortisationszeiträume für Anlagen und Systeme abzuschätzen und tragfähige Investitionsrechnungen aufzustellen (vgl. zu den Möglichkeiten der strategischen Investitionsplanung: Wildemann 1986). Verunsichernd wirkt bei alledem die gegenwärtig oft gemachte Erfahrung, daß eine jetzt noch aktuelle Technik in kürzester Zeit als überholt anzusehen ist bzw. durch deutlich verbesserte Nachfolgetechniken sehr schnell an Wert verliert.

Ein dritter Grund zur Beschäftigung mit einem Innovationsmarketing ist also in dem Tatbestand eines enorm beschleunigten Prozesses auf dem Gebiet der Produktinnovation zu sehen, der in immer kürzerer Zeitabfolge zu neuen Anlagen und Systemen führt (vgl. Pfeiffer, u.a. 1982, S. 13 ff.).

Damit sind die drei aus Marketingsicht bedeutsamen Tendenzen herausgearbeitet, die den gegenwärtigen, auf Mikroelektronik basierenden, technischen Entwicklungsprozeß kennzeichnen. Im folgenden Abschnitt soll aufgezeigt werden, daß diese Merkmale technischer Entwicklung eine deutlich größere Tragweite erhalten, wenn die Verhältnisse funktionsbereichs-übergreifender, d.h. unternehmens-integrierender Systeme Berücksichtigung finden.

2. Die Entwicklung zu funktionsbereichs-übergreifenden Systemen

Mit den funktionsbereichs-übergreifenden und zugleich unternehmens-integrierenden Systemen ist eine Entwicklung angesprochen, die bereits heute im Bereich des technisch Machbaren liegt. Die konkrete Übertragung des Systemgedankens in diesem umfassenden Sinne in die Praxis des einzelnen Unternehmens scheint jedoch noch einige Schwierigkeiten zu bereiten. Dennoch dürfte ein Prozeß eingeleitet sein, der unaufhaltsam ist und das einzelne Unternehmen im Interesse seiner Wettbewerbsfähigkeit in naher Zukunft veranlassen wird, in systemgerichtete Investitionserwägungen einzutreten.

Die gegenwärtig noch zu registrierenden Investitionsprozesse verlaufen demgegenüber weitgehend funktionsbereichs-orientiert. Dies hat zur Folge, daß in den Unternehmen der

System-Abnehmer in zwei größeren Investitionsbereichen gedacht wird. Der eine Investitionsbereich ist mit dem Begriff 'Büro und Verwaltung' umschrieben, der andere mit 'Fertigung, Produktion einschließlich Lagerwesen'. Ausgehend davon sind EDV-Anlagen oder Kopiereinrichtungen nach der bisher geübten Investitionspraxis für den Bereich Büro und Verwaltung bestimmt, während flexible Fertigungszellen, Roboter oder automatische Lagersysteme eindeutig an die Anforderungen der Fertigung bzw. des Lagerwesens angepaßt wurden.

Innerhalb dieser hier angesprochenen und durch Beispiele illustrierten Investitionsbereiche entstehen bereits Teilsysteme, die auf der Möglichkeit basieren, Einzelaggregate durch Vernetzung zu verknüpfen und im integrierten Verbund einzusetzen.

Technisch realisierbar ist, wie bereits angedeutet, ein unternehmens-übergreifendes Gesamtsystem, das die beiden Teilsysteme 'Fertigung' und 'Büro und Verwaltung' zusammenführt. Es entsteht auf diese Weise ein, das gesamte Unternehmen erfassendes, Kommunikations- und Informationssystem, das alle bisherigen Funktionsbereiche einbezieht. Veranschaulicht wird dieses Endziel des gezeichneten Weges zur Totalintegration aller Unternehmensbereiche mit der Bezeichnung *Computer Integrated Business* (CIB)(vgl. hierzu auch: Bullinger, u. a. 1987).

Mit Abbildung 1 wird diese Entwicklung verdeutlicht. Sie wird nach Ansicht von Experten etwa einen Zeitraum von 10 bis 15 Jahren in Anspruch nehmen, was nicht ausschließt, daß die Systemetablierung in einem Unternehmen in kürzerer und in einem anderen in längerer Frist abläuft.

Unabhängig davon sind für Unternehmen, die sich dem Gedanken der Systemerrichtung zuwenden, eine Fülle von Problemen entstanden. Auf diese wird im folgenden noch einzugehen sein, weil sie für ein Innovationsmarketing von großer Bedeutung sind. In diesem Zusammenhang sei nur darauf hingewiesen, daß es vermutlich große Schwierigkeiten bereitet, ein unternehmensadäquates System zu entwerfen, das Gegenstand eines langfristig verlaufenden Investitionsprozesses sein wird. Es muß unter dieser Zielsetzung geprüft werden, welche der bereits vorgenommenen Investitionen innerhalb eines Gesamtsystems von Bestand sein können und welche neuen Systembestandteile im Rahmen künftiger, systemgerichteter Investitionen Berücksichtigung finden müssen.

Allein diese Fragen sind, ausgehend von der bereits angesprochenen Geschwindigkeit des technischen Entwicklungsprozesses, schwer zu beantworten, weil nicht feststeht, ob der langfristige, systembezogene Investitionsprozeß nicht durch entscheidende technische Neuerungen gestört wird.

Angesichts der Langfristigkeit des im Systemgeschäft zu sehenden Investitionsprozesses wird auch die gewohnte Übung, Investitionsobjekte anhand von Investitionsrechnungen zu bewerten, in Frage gestellt. Es ist schwer abzusehen, welche Preisentwicklungen sich über die Jahre hinweg ergeben werden, zumal sich die Preise für Systembestandteile in Abhängigkeit vom jeweiligen technischen Entwicklungsstand errechnen werden.

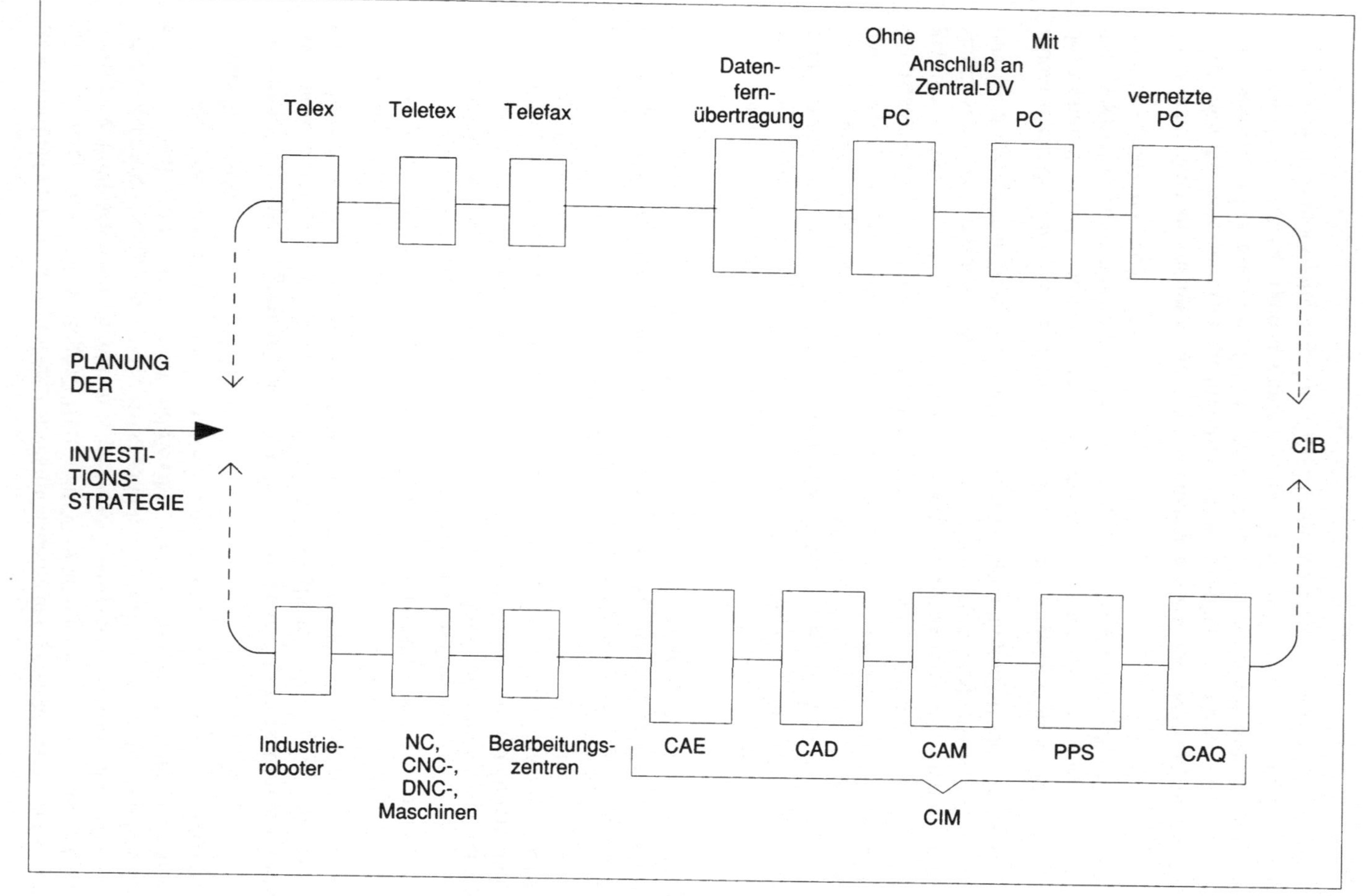

Abb. 1: Der systemtechnische Integrationsprozeß

Einleuchtend ist, daß derartige Systementwicklungen nicht nur den Abnehmern Probleme bereiten. Auch die Hersteller von Systemtechnik stehen in Anbetracht erheblicher Investitionshemmnisse innerhalb der potentiellen Abnehmerschaft vor großen Schwierigkeiten. Es ist erkennbar, daß die traditionellen Instrumente des Investitionsgütermarketing überfordert sind, Systemdiffusionsprozesse erfolgreich einzuleiten und zu gestalten. Die eigentliche Veranlassung zur Beschäftigung mit einem Innovationsmarketing resultiert demgemäß aus der Entwicklung unternehmens-integrierender Systeme.

Die Entwicklung zu unternehmens-integrierenden Systemen läßt sich am Beispiel der Schnittstellenrealisation zwischen der Einstiegtechnik CAD und CAM veranschaulichen. Es entsteht dann ein die Funktionsbereiche Konstruktion, Fertigung und Lagerwesen integrierendes System, das bereits in der Nähe von CIM anzusiedeln ist. Der angesprochene Systembildungsprozeß, der mit CAD seinen Anfang nimmt und mit der CAM-Anknüpfung ein vorläufiges Endziel erreicht, wird in wesentlichen Aspekten durch die Ergebnisse einer Untersuchung verdeutlicht, die das Institut für Markt- und Verbrauchsforschung der Freien Universität Berlin im Jahre 1987 durchführte (vgl. Strothmann, u.a. 1987a).

In dieser Untersuchung wurden einige mit der CAD/CAM-Vermarktung zusammenhängende Marketingprobleme behandelt. Ihr sind erste Hinweise auf Überforderungen des traditionellen Investitionsgütermarketing zu entnehmen. Zentrale Befunde dieser Forschungsarbeit werden deshalb im folgenden dargestellt.

3. Das Beispiel CAD/CAM

CAD ist, wie bereits beschrieben, eine Einstiegstechnik (vgl. hierzu auch: Backhaus/ Weiber 1987, S. 72) in ein integrierendes System. Zunächst bedeutet CAD nicht mehr als ein Produkt, das in einem abgegrenzten Funktionsbereich, nämlich dem Konstruktionsbüro, zum Einsatz kommt. Es handelt sich um eine gehobene Technik zur Erstellung technischer Zeichnungen als Substitution des konventionellen Reißbretts (vgl. zur CAD-Technologie: Eigner/Maier 1985). Eine funktionsbereichs-übergreifende Wirkung geht von CAD-Systemen erst dann aus, wenn gleichzeitig mit der Konstruktionszeichnung Unterlagen für die Arbeitsvorbereitung erstellt werden, nach denen z.B. Programme für CNC-gesteuerte Werkzeugmaschinen geschrieben werden können. Erst wenn vom CAD-System ausgehend die Steuerung und Regelung von Fertigungsabläufen vorgenommen werden kann und mit der Konstruktionszeichnung Lagerdispositionen vorgegeben werden, ist von einem CAD/CAM-System zu sprechen.

Für die Vermarktungsbelange von ausschließlich im Konstruktionsbüro operierenden CAD-Systemen genügen die konventionellen Methoden und Instrumente des Investitionsgütermarketing. Demgegenüber stößt das herkömmliche Marketing an seine Grenzen, wenn der beschriebene Prozeß zur Funktionsbereichsintegration nach gemeinsamen Vorstellungen von System-Herstellern und -Anwendern erfolgen soll.

Nach dieser Klarstellung werden im folgenden die Untersuchungsergebnisse vorgestellt, die vor allem die Problematik des Übergangs vom traditionellen Investitionsgütermarketing zu einem Innovationsmarketing verdeutlichen. Zunächst erfolgt eine kurze Beschreibung des Untersuchungsdesign.

3.1 Methode der Untersuchung

Die Untersuchung erstreckt sich auf Betriebe der Investitionsgüter-Industrie mit mehr als 50 Beschäftigten. Diese Grundgesamtheit konnte mit den vom Vogel Verlag, Würzburg, zur Verfügung gestellten Anschriften belegt werden.

Aus dieser Adressendatei wurden 1.500 Betriebe nach dem Random-Verfahren ausgewählt.

Die verfügbaren Forschungsmittel legten die Anwendung der schriftlichen Befragungsmethode nahe.

Deklarierte Zielpersonen der Befragung waren die für die technischen Bereiche zuständige Unternehmensleitung oder die Konstruktionsleitung.

Den Adressaten der schriftlichen Befragung wurden zwei Fragebogenversionen übersandt. Der eine Fragebogen (weiß) war für die Nicht-Anwender von CAD-Systemen bestimmt, der andere Fragebogen (blau) für die CAD-Anwender. Die Befragten wurden gebeten, den ihrer Situation entsprechenden Fragebogen auszuwählen und zu bearbeiten.

Diese Untersuchungsanlage führte zu einer Rücklaufquote von 39 Prozent. Aus diesem Rücklauf waren insgesamt 503 Fragebögen auswertbar. 132 Fragebogen stammten aus Anwender- und 371 aus Nicht-Anwender-Betrieben.

Für die beiden Gruppen der CAD-Anwender und Nicht-Anwender wurden gesonderte Auswertungen vorgenommen. Auf diese Weise konnte ein Vergleich zwischen den beiden Gruppen angestellt werden.

Die Feldarbeit der Untersuchung fand im Februar und März 1986 statt.

3.2 Schwierigkeiten bei der CAD-Einführung

In Tabelle 1 sind diejenigen Problembereiche aufgeführt und mit Zahlen belegt, denen Anwender und Nicht-Anwender aus ihrer jeweiligen Perspektive eine große Bedeutung beimessen.

Tabelle 1: Schwierigkeiten bei der CAD-Einführung

Probleme mit großer Bedeutung	Anwender %	Nicht-Anwender %
Die Wahl der geeigneten Software	81	87
Die Wahl der geeigneten Hardware	52	44
Höhe der Anschaffungskosten	47	48
Ungewißheit des Fortbestehens der Anbieter-Firmen	43	53
Verwirrende Aussagen und Versprechen der CAD-Anbieter	42	52
Motivation der Mitarbeiter	37	38
Unübersichtlichkeit der CAD-Anbieterschaft	32	48
Unsicherheit in bezug auf die technische Entwicklung	31	36
Unübersichtlichkeit von Folge-investitionen	30	48
Schwierigkeiten von Rentabilitäts-berechnungen	27	36
Anpassungsprobleme an vorhandene EDV-Anlagen	24	37
(Mehrfachnennungen)		

Aus dieser Tabelle wird deutlich, daß die Auswahl von Hard- und Software das wohl gravierendste Problem bei der CAD-Einführung darstellt. Die Nicht-Anwender, also die potentiellen Abnehmer, weisen bei den meisten Antwortvorgaben höhere Prozentsätze auf als die Anwender. Offenkundig wirkt bei ihnen die Unsicherheit der Unerfahrenen ergebnisprägend.

Wichtig erscheint, daß auf alle Problembereiche ernstzunehmende Prozentsätze entfallen. Es schlagen sich verschiedene Verunsicherungen und Unsicherheiten nieder, die durch das gegenwärtige Verhalten der System-Anbieter und durch die Marktverhältnisse bedingt sind.

Insbesondere die Nicht-Anwender fühlen sich verwirrenden Aussagen und Versprechen der CAD-Anbieter ausgesetzt. Sie empfinden aber auch das Problem, die Mitarbeiter hinreichend zu motivieren, an derartigen Systemen zu arbeiten.

Unüberschaubar scheint bei einem erheblichen Anteil der Befragten die technische Entwicklung zu sein, was dann zur Folge hat, daß notwendige Folgeinvestitionen nicht präzisiert werden können. Damit zusammenhängend werden auch Schwierigkeiten gesehen, Investitions- und Rentabilitätsberechnungen durchzuführen.

Es berührt bereits den Systemgedanken, wenn von Anpassungsproblemen an vorhandene EDV-Anlagen gesprochen wird.

Schon anhand dieser Untersuchungsergebnisse kann die Frage erörtert werden, wem die Aufgabe zugewiesen wird, derartige investitionsbehindernde Problembereiche zu beseitigen bzw., zumindest soweit es irgend geht, zu entlasten. Sind hier Aufgaben angesprochen, die dem Marketing der System-Hersteller zugeordnet werden müssen, oder handelt es sich um solche, die in die Eigenregie der Abnehmer zu verweisen sind? Mutmaßlich sind kooperative Lösungen gefordert, die vom System-Hersteller ausgehen und zu einer gemeinsamen Aufgabenbewältigung durch Anbieter und Abnehmer führen müssen.

3.3 Vorbereitungszeit zur Umstellung auf CAD-Arbeitsplätze

Eine im Zusammenhang mit Systemtechnik bedeutsame Hypothese lautet: Je komplexer die Technik, desto länger müssen sich Abnehmer-Unternehmen auf deren Einsatz vorbereiten. Es fragt sich, ob diese Aussage auf dem Gebiet der CAD-Systeme Gültigkeit hat. Klargestellt wurde bereits, daß es sich bei CAD zunächst um eine nur für das Konstruktionsbüro in Betracht kommende Technik handelt. Mit Blick auf funktionsbereichs-übergreifende Systeme ist CAD allerdings als eine Einstiegstechnik zu bezeichnen. Sollte sich erweisen, daß abnehmerseitig bereits eine längere Vorbereitungszeit vor dem CAD-Einsatz für erforderlich gehalten wird, dann ist zu folgern, daß diese um so notwendiger ist, wenn es bereits um Investitionen in funktionsbereichs-übergreifende Systeme geht.

Nach den vorliegenden Ergebnissen der hier diskutierten Untersuchung ist CAD in der Tat ein Muster für eine Technik, die erst dann konkret in ein Unternehmen eingeführt werden kann, wenn verschiedene, zeitraubende Vorbereitungen getroffen sind. Es ist beispielsweise der gesamte Bestand an archivierten technischen Zeichnungen zu analysieren und daraufhin zu überprüfen, ob eine Aufnahme der einzelnen Konstruktion bzw. wesentlicher Konstruktionselemente in das CAD-System sinnvoll ist. Neben der vorbereitenden Mitarbeiterschulung und -motivation sind organisatorische Vorkehrungen zu treffen, die das ganze Konstruktionsbüro und anschließend Fertigung und Lagerhaltung für die CAD/CAM-Technik aufnahmefähig machen.

Davon ausgehend wurde mit der Untersuchung zu klären versucht, ob die Abnehmer-Unternehmen auf eine derartige Vorbereitungszeit eingerichtet sind oder ob sie sich der Täuschung hingeben, diese Technik ohne weiteres adoptieren zu können.

Die dazu erzielten Ergebnisse deuten auf eine realistische Einschätzung selbst bei bisherigen Nicht-Anwendern hin. 37 Prozent gehen von einer einjährigen und 45 Prozent von einer zwei- bis dreijährigen Vorbereitungszeit aus.

Diese Erwartungen der Nicht-Anwender decken sich weitgehend mit den Erfahrungen der Anwender. Letztere haben sich zwar zu 26 Prozent unter einem Jahr auf die Einführung von CAD präpariert. 32 Prozent bzw. 36 Prozent haben demgegenüber eine einjährige oder gar zwei- bis dreijährige Vorbereitungszeit auf sich genommen.

Für die Hersteller von Systemen signalisieren diese Befunde recht schwerwiegende Probleme, die sie natürlich bereits aus der Praxis ihres Vertriebsgeschehens kennengelernt haben. Zunächst wird durch die vom Abnehmer in Anspruch genommene Vorbereitungszeit die Möglichkeit zum unmittelbaren Verkauf von Hard- und Software hinausgezögert. Die Vorbereitungszeit ist als ein Schwebezustand zu betrachten, in dem noch nicht klargestellt ist, welcher Hersteller als endgültiger Lieferant von Hard- und Software in Betracht kommt. Aus derartigen Überlegungen resultiert die Frage, inwieweit es richtig ist, den potentiellen Abnehmer während der Vorbereitungszeit sich selbst zu überlassen oder die Alternative zu sehen, diese Phase durch aktives Marketing mitzugestalten. Es wird schon hier deutlich, daß damit Leistungen vom System-Hersteller erbracht werden müssen, die das Ausmaß des normalen, technikbezogenen Beratungsservice deutlich übersteigen. Bei der Beantwortung dieser Frage ist jedoch davon auszugehen, daß dem Hersteller an einer reibungslosen Systemintegration in dem Abnehmerbetrieb gelegen sein muß.

3.4 Personalveränderungen durch CAD-Einsatz

Die Aussage, der Einsatz bestimmter Techniken sei mit Personaleinsparungen und damit mit Rationalisierungseffekten verbunden, hat in der Marketingargumentation in der Vergangenheit eine erhebliche Rolle gespielt. Angesichts der gegenwärtigen Situation am

Arbeitsmarkt sind derartige Aussagen problematisch geworden. Dies gilt unabhängig davon, ob es sich in jedem Fall um wahre Behauptungen der Anbieter gehandelt hat oder nicht.

Fragwürdig werden solche Argumente in der Tat, wenn die Erfahrungen nach erfolgtem Technikeinsatz zu einem anderen Ergebnis führen. Schon die im Rahmen einer Vorstudie zu dieser Untersuchung gewonnenen Einsichten besagen, daß CAD-Hersteller immer noch mit derartigen Versprechen aufwarten, obgleich zahlreiche Anwender in diesem Punkt Enttäuschungen erfahren haben.

Wenn dem in Verbreitung so ist, dann dürfte ein entscheidendes, im Systemgeschäft angewendetes Verkaufsargument untauglich geworden sein. Dies stellt die System-Hersteller vor ein zusätzliches Problem, weil mit dem Versprechen der Rentabilitätsauswirkung am ehesten Überzeugungen für eine Investition in neue Techniken zu schaffen waren.

Die hier untersuchten Gruppen von Anwendern und Nicht-Anwendern sind von der Auffassung geprägt, daß mögliche Personaleinsparungen erst nach einer längeren Erprobungszeit der CAD-Systeme zu realisieren sind.

Unter dieser Prämisse werden nach den vorliegenden Untersuchungsbefunden von den Befragten Personaleinsparungsmöglichkeiten im wesentlichen bei den technischen Zeichnern gesehen. Dies gilt primär für die Nicht-Anwender im Vergleich zu den Anwendern (64:31 %). In höherem Maße als die Anwender gehen die Nicht-Anwender auch von Personaleinsparungen bei den Konstrukteuren aus (38:22 %). Es ist bei diesen Ergebnissen zu beachten, daß in beiden Gruppen der Anteil derjenigen, die keine Personaleinsparungsmöglichkeiten sehen, relativ hoch ist.

Eine Minderheit unter den Anwendern und Nicht-Anwendern spricht auch von dem Erfordernis von Personalaufstockungen bei Konstrukteuren und technischen Zeichnern. Neueinstellungen hält man offenkundig für die Zeit unmittelbar nach der Systemeinführung für notwendig. Diese Meinung vertreten insbesondere die Anwender, die in dieser Hinsicht Erfahrungen gemacht haben dürften.

Im ganzen zeigt sich, daß das Argument der Personaleinsparung nach Systemeinsatz äußerst diskussionswürdig ist, insbesondere, wenn in Verbreitung die Notwendigkeit erkannt wird, daß die Systeme nur dann zur Funktion gebracht werden können, wenn zusätzliche, qualifizierte Mitarbeiter eingestellt werden. Damit versagt die einfachste Möglichkeit, positive Rentabilitätsauswirkungen nachzuweisen. Diese werden am augenfälligsten, wenn Personaleinsparungen eintreten.

Die naheliegende Alternative, nämlich den Abnehmer objektiv über denkbare Personalauswirkungen redlich zu informieren, ist mit dem bisherigen Marketingdenken schwer in Einklang zu bringen, zumal Marketing unter der Aufgabe gesehen wird, den Abnehmer unter den Eindruck des unmittelbaren Entstehens von Nutzen zu setzen.

Unter der Vielzahl der Untersuchungsergebnisse wurde bis hierher eine Auswahl getroffen. Die referierten Ergebnisse sollten verdeutlichen, daß im Zusammenhang mit einer Einstiegstechnik, wie CAD, neuartige Probleme und damit Aufgaben für das Marketing entstehen. Sie sind mit ein Anstoß für das Bemühen um ein Innovationsmarketing.

Andere Untersuchungsergebnisse werden in einigen der folgenden Kapitel aufgegriffen, wenn es von der jeweils behandelten Thematik angezeigt ist. Zuvor soll jedoch erörtert werden, ob die vorstehend gezeichneten Probleme zu erkennbaren Schwierigkeiten im Marketing der System-Hersteller führen.

4. Marketingprobleme der System-Hersteller

In den vorstehenden Abschnitten entstand ein Problemaufriß. Dieser basiert im wesentlichen auf empirischen Untersuchungsbefunden. Es spricht einiges dafür, daß die gezeichneten Probleme sich bereits in Form von ernstzunehmenden Schwierigkeiten in der Praxis des Investitionsgütermarketing abzeichnen.

Die folgenden Feststellungen dazu beruhen auf Beobachtungen. Darüber hinaus gibt es bereits empirische Untersuchungen, die im Auftrag von System-Herstellern durchgeführt wurden. Auch diese lassen punktuelle Schwierigkeiten erkennen.

Diese Hinweise besagen, daß die so gestützten Aussagen nicht unbedingt verallgemeinerungsfähig sind. Plausibilitätsüberlegungen sprechen jedoch dafür, daß die angesprochenen Marketingprobleme in relativ großer Verbreitung auftreten.

4.1 Das Problem der Informationsgewichtung und Informationsübertragung

In Verbindung mit dem Phänomen der zunehmenden technischen Komplexität wurde bereits erkennbar, daß die System-Hersteller vor großen Problemen auf dem Gebiet ihrer Marktinformationspolitik stehen. Dies gilt insbesondere dann, wenn der Versuch unternommen wird, detailliertes Wissen über Hard- und Software sowie technische Einzelheiten über Systembestandteile und deren Auswirkung an die Abnehmer heranzutragen. Die üblichen Werbemittel, wie Anzeigen in Fachzeitschriften, werden in der Regel in ihrer informatorischen Aufnahmekapazität überfordert, wenn sie unter dem Bemühen gestaltet werden, umfassend über Systeme zu informieren.

Eine derartige Informationspolitik stößt auch deshalb an Grenzen, weil einkaufsentscheidende Fachleute in anzeigentypischen Wahrnehmungssituationen andere Informationserwartungen aufweisen und schon deshalb keinerlei Neigung zeigen, durch intensives Lesen umfassenden Wissensstoff aufzunehmen und zu verarbeiten. Hinzu kommt, daß der technische Kenntnisstand vieler Investitionsentscheider keineswegs ausreicht, einseitig vermittelte Detailinformationen zu verstehen und zu bewerten. Dies gilt insbesondere für die einkaufsentscheidenden Fachleute aus investitionsungewohnten Unternehmen mit geringer Systemerfahrung.

Viele Anzeigen, mit denen für komplexe Systeme geworben wird, verdeutlichen diese Tendenz zur Überforderung und zur Negierung des eigentlichen Informationsinteresses einkaufsentscheidender Fachleute. Dies gilt in gewisser Weise auch für die verschiedenen Mittel der Direktwerbung, obwohl diese einer anderen Erwartungshaltung unterliegen und mehr Aufnahmekapazität für Informationen bieten.

Ein Interesse an vertiefenden Informationen und an der Gewinnung von Detailwissen ist demgegenüber zu unterstellen, wenn Grundsatzentscheidungen innerhalb der Abnehmer-Unternehmen in bezug auf Systeminvestitionen und die Auswahl der Hersteller bevorstehen. Damit ist eine Phase abnehmerseitig verlaufender Entscheidungsprozesse angesprochen, in denen der Technische Verkäufer oder Berater von den Herstellerfirmen eingesetzt wird.

In derartigen Entscheidungssituationen kommt es zur Kommunikation zwischen den Technischen Verkäufern der Anbieterseite und den einkaufsentscheidenden Fachleuten der potentiellen Abnehmer-Unternehmen. Bei dieser Begegnung ist beiderseitige Qualifikation und Sachkompetenz gefragt, insbesondere auf seiten der Technischen Verkäufer und Berater. Das damit angesprochene Qualifikations- und Kompetenzproblem scheint in der Praxis in der Tat eine beachtliche Rolle zu spielen. Bei dieser Aussage werden nicht nur die punktuell aufgenommenen Klagen verschiedener potentieller System-Abnehmer berücksichtigt. Auch die System-Hersteller sprechen gelegentlich von ihren Schwierigkeiten, eine hinreichend kompetente Vertriebsmannschaft zu rekrutieren.

Bei alledem stellt sich die Frage nach dem Erfordernis zur Vermittlung hard- und softwarebezogener sowie systembeschreibender Detailinformation. Dazu die folgende Überlegung: Wie bereits dargelegt, werden in Zukunft relativ lange Vorbereitungszeiten vor dem Technikeinsatz in Anspruch genommen. Wenn die Hersteller diese Vorbereitungszeit durch entsprechende Leistungen mitgestalten, dann dürfte der potentielle Abnehmer eher an dem vom Hersteller zu erbringenden Leistungsspektrum und dessen Qualität interessiert sein. Erst in einer gemeinsam vom Hersteller und Abnehmer betriebenen Vorbereitung kristallisieren sich die hard- und softwarebezogenen Informationsansprüche heraus. Diese sind dann jedoch in persönlichen Beratungsgesprächen konkreter zu vermitteln, weil die Einkaufsentscheider der Abnehmer-Unternehmen im Vorbereitungsprozeß weitergehendes Wissen angereichert und die Berater der Herstellerfirmen spezifische

Kenntnisse hinsichtlich der Anwendungsbedingungen des Abnehmer-Unternehmens gewonnen haben.

Erweisen sich die angestellten Überlegungen als zutreffend, dann kann es zu einer Entlastung der Technischen Verkäufer von der schwierigen Aufgabe kommen, hard- und softwarebezogen argumentieren und informieren zu müssen. In ihrer Überzeugungsarbeit werden vielmehr die Leistungen eine Rolle spielen, die eine Herstellerfirma für die optimale Gestaltung der Vorbereitungszeit der Abnehmer anbieten kann. Ähnliches läßt sich in bezug auf die für die Anzeigenwerbung zu wählenden Informationskategorien aussagen.

Das damit angesprochene Problem wird an späterer Stelle aufgegriffen, wenn es um die konkretere Beschreibung von Leistungsbereichen geht, die die System-Hersteller zur Gestaltung von Vorbereitungsphasen in das Marktgeschehen einzubringen haben.

4.2 Gewährleistung regionaler Vertriebspräsenz

Wie bereits dargelegt, hat die Mikroelektronik eine drastische Verkleinerung von Systemen und Anlagen ermöglicht. Auch der parallel verlaufende Prozeß ständiger Produktverbilligung wurde bereits erwähnt. Für die Hersteller von Systemen und Anlagen resultiert daraus das Erfordernis, nicht nur Großunternehmen als ihre Kunden zu sehen, sondern auch die Vielzahl kleiner und mittlerer Unternehmen, die nunmehr als System-Abnehmer in Betracht kommen.

Dieses Aufkommen einer Vielzahl neu entstandener großer Kundenkreise führt zu dem Zwang, die Vertriebsorganisationen der System-Hersteller entscheidend zu erweitern. Bislang waren die Vertriebsnetze, selbst die der größeren Hersteller, an den Gegebenheiten von Großfirmen der Abnehmerseite orientiert, die beispielsweise als Kunden für größere EDV-Anlagen in Frage kamen. Die neuen Verhältnisse erfordern eine Berücksichtigung einer breit gestreuten Abnehmerschaft. Damit entsteht eine Diskrepanz zwischen der Anzahl verfügbarer Technischer Verkäufer und der quantitativen Dimension, die sich durch die neu entstandenen Abnehmerkreise ergibt.

Das damit angedeutete Problem verschärft sich, wenn der Aspekt der erforderlichen Verweildauer Technischer Verkäufer innerhalb der Abnehmer-Unternehmen in die Betrachtung eingeführt wird. In Anbetracht der Notwendigkeit einer größeren Beratungsintensität ist davon auszugehen, daß sich die Informations- und Beratungszeiten beim Kunden entscheidend verlängern. Damit ist außerdem das Qualifikationsproblem angesprochen.

Es reicht, davon ausgehend, nicht, eine rein zahlenmäßige Aufstockung der Vertriebsorganisationen zu fordern, vielmehr ist zusätzlich zu gewährleisten, daß die Technischen

Verkäufer den mit der Systemtechnik entstandenen Ansprüchen mit einem umfassenden Wissensstand und hinreichender Qualifikation entsprechen.

Die Errichtung der damit geforderten Kapazitäten innerhalb der Vertriebsorganisationen bedeuten eine erhebliche Heraufsetzung der Fixkosten. Dies gilt unter der Voraussetzung, daß die im Investitionsgüterbereich übliche Präferenz für Direktvertriebssysteme mit fest angestellten Technischen Verkäufern aufrechterhalten bleibt. Es ist einleuchtend, daß die Hersteller von Systemen Hemmnisse sehen, derartige risikobelastete Fixkostenblöcke zu errichten.

Als Folge der beschriebenen Sachlage sind in der Marketingpraxis vor allem auf dem Gebiet der gehobeneren Systeme Unzulänglichkeiten zu beobachten. Insbesondere kleine und mittlere Unternehmen werden nicht mit der hinreichenden Besuchsfrequenz bedacht. Auch läßt die bei ihnen erbrachte Beratungsleistung zu wünschen übrig. Die System-Hersteller sind sich natürlich der entstandenen Problematik bewußt und machen verschiedene Versuche, dieser durch Improvisationen zu entgehen. Eindrucksvolle Beispiele dafür sind die vielfältigen Bemühungen, mit Handelsunternehmen zu kooperieren, sich an Großformen des Handels zu beteiligen oder eigene Geschäfte einzurichten. Diese Versuche sind vor allem auf dem Gebiet der Bürokommunikationstechnik zu beobachten.

Des weiteren spricht die zunehmende Zahl von Kundenseminaren und Hausmessen für das Bemühen, mit den aufgezeigten Schwierigkeiten fertig zu werden. Auch die vor Ort gefahrene Demonstration, etwa im Präsentationsbus oder -zug, entspricht dem Trend, die nicht mögliche Beratung im Unternehmen des Abnehmers durch andere Veranstaltungen zu kompensieren.

Sicherlich handelt es sich bei all diesen Maßnahmen um richtige und situationsgerechte Anpassungen. Inwieweit diese jedoch in Kenntnis der echten, durch die Systemtechnik bedingten Erfordernisse ergriffen werden und auf diese abgestimmt sind, ist an dieser Stelle der Abhandlung noch nicht zu beantworten. Offen bleibt auch die Frage nach der geplanten Konsequenz des so praktizierten Marketing an klaren, vom Innovationsgeschehen bestimmten Zielen.

4.3 Bereitstellung umfassender Beratungskapazität

Nur recht global kann in diesem Zusammenhang eine Vorstellung von der Aufgabe entwickelt werden, potentielle Abnehmer-Unternehmen auf die Investition in funktionsbereichs-übergreifende, unternehmens-integrierende Systeme vorzubereiten. Will der System-Hersteller auf diesem Gebiet entscheidende Hilfestellungen bieten, dann wird ihm ein neues, oft ungewohntes Leistungsangebot abverlangt, das weit über das bisher Gewohnte hinausreicht. Das gleiche gilt hinsichtlich des gesamten Investitionsprozesses, der im wesentlichen vom System-Hersteller gestaltet werden muß, weil parallel zur Systemetablierung der immerwährende Zwang besteht, die Fachleute des Abnehmer-Unternehmens auf den jeweils erforderlichen Kenntnisstand zu bringen und sie mit den Investitionsvorgängen und deren Folgen vertraut zu machen.

Werden die damit angesprochenen, herstellerseitig wahrzunehmenden Aufgaben zu Ende gedacht, dann ist wohl kaum ein System-Anbieter in der Lage, die dafür erforderlichen Beratungs- und Servicekapazitäten bereitzustellen. Weil dem so ist, wird auch auf diesem Gebiet improvisiert.

In der gegenwärtigen Situation kommt den System-Herstellern entgegen, daß die Abnehmer sich der vollen Tragweite einer Entscheidung für unternehmens-integrierende Systeme noch nicht voll bewußt sind. Darüber hinaus befindet sich das gegenwärtige Investitionsgeschehen noch in einer relativ harmlosen Phase, weil es meistens um die Einführung von Systembestandteilen und Teilsystemen geht. Insofern kann der Eindruck aufrechterhalten werden, daß eine den Erfordernissen entsprechende Beratung und Serviceleistung erfolgt. Dies wird jedoch nur so lange möglich sein, bis sich der Abnehmer der Problemfülle des von ihm eingeleiteten Geschehens bewußt wird.

Beobachtungen und Gespräche machen deutlich, daß der technische Entwicklungsprozeß eine scheinbare Ausweglosigkeit beschert hat. Es ist kaum anzunehmen, daß ein Unternehmen über eine derartige Anzahl von System-Spezialisten verfügt, die auf den systembedingten Problemgebieten innerhalb der Abnehmer-Unternehmen mit hinreichender Kompetenz beraten können. Vor allem ist davon auszugehen, daß sich das eigentliche Know-how nicht unbedingt bei den System-Herstellern ansiedelt, sondern in den auf dem Gebiet der Systemimplementierung entstehenden Beratungsunternehmen.

An dieser Stelle kann es nur darum gehen, auf einen extrem neuralgischen Punkt aufmerksam zu machen, der – und davon ist nach den Befunden empirischer Untersuchungen auszugehen – auch von den potentiellen System-Abnehmern als ein solcher zunehmend mehr empfunden wird. Verhängnisvoll wäre es also, wenn die System-Hersteller sich der Aufgabe zur Lösung entziehen und den potentiellen Abnehmer davon zu überzeugen versuchen, daß mit einer ausgefeilten, applikationsgerechten Technik keine Implementierungsprobleme verbunden sind.

4.4 Krisenerscheinungen am Firmenimage

Entscheidende Beeinträchtigungen von Firmenimages lassen sich in der Regel auf Diskrepanzen zwischen werblichen sowie in Verkaufsgesprächen vorgetragenen Aussagen und den effektiv gebotenen Leistungen zurückführen. Umgekehrt bewirken starke Leistungen von Unternehmen auf den verschiedensten Gebieten positive Veränderungen im

Firmenimage, zumindest dessen Stabilisierung, wenn die im Image verankerten Leistungsbereiche Gegenstand der Kommunikationspolitik sind. Im allgemeinen lassen sich Imageveränderungen, insbesondere wenn diese nur wenige zentrale Imagefaktoren betreffen, plausibel mit der verfolgten, imagegerichteten Kommunikationspolitik begründen.

Diese damit gezeichneten Zusammenhänge scheinen nach den Ergebnissen kürzlich durchgeführter Firmenimage-Untersuchungen nicht mehr in vollem Umfang gültig zu sein. Mit den angesprochenen Untersuchungen sind vielmehr deutliche Imageveränderungen nachweisbar, die nicht mehr logisch begründbar aus der verfolgten Imagepolitik abgeleitet werden können. Das bedeutet, daß mit Imagepolitik beabsichtigte Wirkungen nicht in der gewünschten Richtung liegen, sondern vielmehr zu implausiblen Konturen der Images führen.

Diese sich im Untersuchungsmaterial andeutenden Imagebewegungen sind deshalb besonders ernstzunehmen, weil sie nahezu durchgängig eine Verzerrung der Firmenimages in das Negative bedeuten. Es ist deshalb die Frage zu erörtern, worauf derartige Imagebewegungen zurückzuführen sind.

Ergänzend sei angemerkt, daß die erwähnten Firmenimage-Studien Unternehmen betrafen, die komplexere Systeme anbieten oder auf dem Weg zu einem System-Hersteller sind. Dieser Tatbestand bietet Veranlassung, einen Bezug zu den in den vorherigen Abschnitten behandelten Problemen herzustellen. Danach ist es denkbar, daß in der Tat Diskrepanzen zwischen werblichen Versprechen und effektiven Leistungen ursächlich für eine Imagekrise sein können. Es bedarf keiner besonderen Phantasie, auf die Auswirkungen von Aussagen zu schließen, mit denen die Notwendigkeit einer längeren Vorbereitung auf eine Systemimplementierung in Abrede gestellt wird. Derartige Aussagen erweisen sich spätestens dann als fragwürdig, wenn im eigentlichen Investitionsgeschehen gemachte Erfahrungen die Folgen vorheriger Versäumnisse offenkundig machen.

Gleiches gilt hinsichtlich des Arguments der positiven Rentabilitätsauswirkungen, wenn sich nach Abschluß einzelner Investitionsphasen zeigt, daß diese nicht im erwarteten Ausmaß eintreten. Ist gar das Umgekehrte, nämlich eine Rentabilitätseinbuße zu verzeichnen, dann werden Verärgerungen der Abnehmer nicht ausbleiben, die zu Beeinträchtigungen der Image-Position des jeweiligen System-Herstellers führen müssen.

Die Liste denkbaren Fehlverhaltens auf dem Gebiet der imagegerichteten Kommunikationspolitik läßt sich beliebig fortsetzen. Zieht man die zur Technologieimplementierung erforderlichen Leistungsbereiche der Hersteller in Betracht, dann erweisen sich diese – gemessen an den abnehmerseitigen Anforderungen – als unzureichend. Dennoch ist zu beobachten, daß im Zusammenhang mit Systemverkäufen alle denkbaren Beratungs- und Serviceleistungen zugesagt werden. Werden diese Versprechen nicht eingelöst, dann dürften deutliche Beeinträchtigungen zentraler Imagefaktoren die Folge sein (vgl. Strothmann 1986, S. 53 ff.).

In diesem Zusammenhang ist auch mit Blick auf die mittleren und kleinen Unternehmen zu fragen, ob nicht schon im Vorfeld anstehender, systemgerichteter Entscheidungsprozesse Imagestörungen deshalb eintreten, weil aus einer zu geringen Besuchsfrequenz und Beratungsintensität der Hersteller gefolgert werden muß, daß auch nach erteiltem Auftrag eine unzulängliche Leistung geboten wird.

Alle aufgeführten Faktoren, die zu einer Imagekrise führen können, werden dann eine größere Wirkung erhalten, wenn die potentiellen Abnehmer untereinander in einen Erfahrungsaustausch eintreten. Dies wird der Fall sein, wenn potentielle Kunden vor einer systembezogenen Grundsatzentscheidung mehr als bisher andere Unternehmen aufsuchen, die bereits über Systemerfahrungen verfügen. Ein Austausch von gemachten Erfahrungen wird sich ohnehin verstärkt ergeben, wenn die Systemimplementierung immer mehr zu einer Angelegenheit für einen engeren, überschaubaren Kreis von System-Spezialisten wird. Es liegt im Wesen von Fachspezialisten, daß sie um fachlichen Austausch bemüht sind und daß sie Begegnungen mit Angehörigen gleicher Fachrichtung aktiv suchen.

Es ist sicherlich verfehlt, aus den vorstehenden Zeilen Schuldzuweisungen an die System-Hersteller abzuleiten. Diese verhalten sich weitgehend, wie es den normativen Vorstellungen eines konventionellen Investitionsgütermarketing entspricht. Der schnell verlaufende, systemgerichtete technische Entwicklungsprozeß hat alle Beteiligten unter neue Verhältnisse gestellt. Diese müssen zunächst überdacht werden, bevor daraus für die Praxis des Marketing Konsequenzen gezogen werden können. Letztlich bedeutet dies die Hinwendung zu einem Innovationsmarketing, das den systemausgelösten Verhältnissen Rechnung trägt.

Zunächst wird es Aufgabe des folgenden Kapitels sein, eine Revision der bislang gültigen Bestandteile einer Theorie des Investitionsgütermarketing vorzunehmen. Dabei muß der eingangs geschilderte technische Entwicklungsprozeß berücksichtigt werden, gleichermaßen jedoch die in der Praxis auftretenden Marketingprobleme.

II. Kapitel

Technikbedingte Erweiterung der Theorie des Investitionsgütermarketing

Grundlage der Abhandlung dieses Kapitels wird eine traditionelle Theorie des Investitionsgütermarketing sein. Diese Theorie erhebt Anspruch auf Gültigkeit für alle diejenigen Produktbereiche, die bislang vor Entstehen der Systemtechnik unter den Begriff Investitionsgüter gefaßt wurden. Auf dieser Basis wird zu prüfen sein, welche Erweiterungen und Modifikationen unter der Intention eines Innovationsmarketing in die Marketingtheorie eingebracht werden müssen, um den durch den technischen Entwicklungsprozeß gesetzten Anforderungen zu entsprechen.

Bei alledem muß die Forderung aufrechterhalten bleiben, auch neu entstehende Theoriebestandteile praxisgerecht auszugestalten. Dies bedeutet einerseits die Berücksichtigung weitgehend empirisch gesicherter, marketingrelevanter Erkenntnisse und andererseits die Möglichkeit, praxisgerichtet aus der Theorie Erkenntnisableitungen vorzunehmen, die im operativen Marketing Verwertung finden können (vgl. Strothmann 1979, S. 20).

Damit ist eine Aufgabe beschrieben, der sich eine praxisnahe Wissenschaft, wie sie das Investitionsgütermarketing darstellt, immer verschrieben hat. Das bedeutet jedoch nicht die Diskriminierung von Erfordernissen, denen sich die Praxis gegenwärtig aus verschiedenen Gründen noch verschließen muß. Es kann also sein, daß das theoretisch für notwendig Erachtete in der Praxis noch keine Beachtung findet. Wenn dies bei der Behandlung verschiedener theoretischer Konstrukte zum Ausdruck kommt, dann wird damit ein für die Praxis gültiger normativer Rahmen vorgegeben.

1. Struktur der traditionellen Theorie

1.1 Aufbau des theoretischen Modells

Struktur und Aufbau der bislang anwendbaren Theorie des Investitionsgütermarketing werden mit Abbildung 2 verdeutlicht.

Es wird damit klargestellt, daß es ein für alle Erzeugnisse geltendes Investitionsgütermarketing nicht gibt. Vielmehr ist davon auszugehen, daß die Voraussetzungen für ein wirksames Marketing produktgruppenabhängig variieren. Die in dem nachstehenden Schema aufgeführten Produktgruppen sind unter dem Gesichtspunkt gebildet, welche Konturen und Merkmale die abnehmerseitig verlaufenden Entscheidungsprozesse aufweisen, wenn es um Anschaffungen geht, die Erzeugnisse innerhalb einer Produktgruppe betreffen.

Innerhalb des Konstrukts, das mit komplexer Anlagentechnik überschrieben ist, nehmen die Entscheidungsprozesse längere Zeiträume in Anspruch als im Konstrukt „Erzeug-

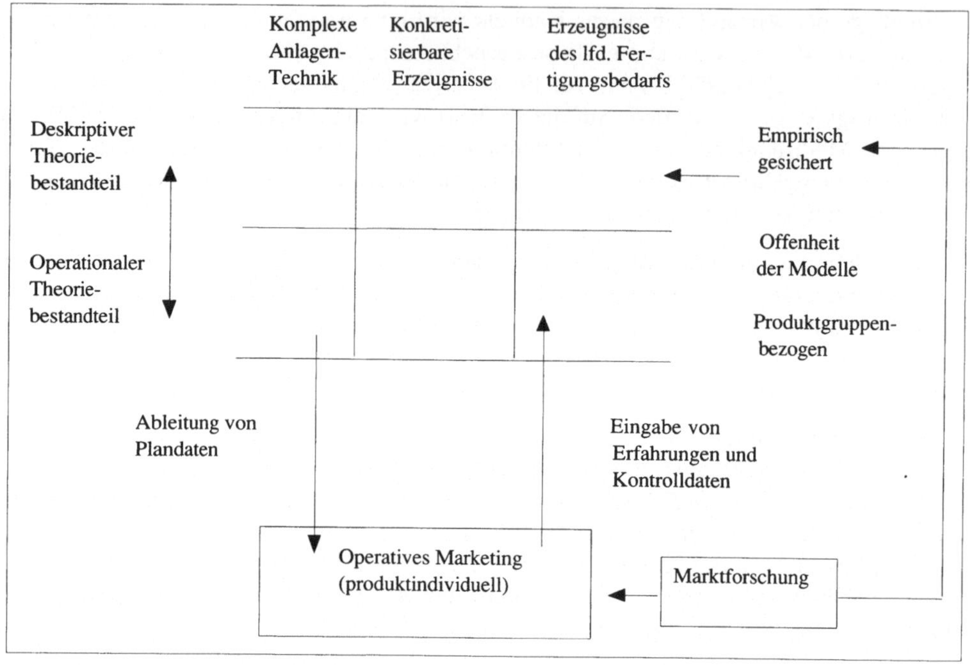

Abb. 2: Theorie des Investitionsgütermarketing
(aus: Strothmann 1979, S. 26)

nisse des laufenden Fertigungsbedarfs", wie Roh-, Hilfs- und Betriebsstoffe, die zumeist habituellen Entscheidungen unterliegen. Des weiteren gilt, daß bei der komplexen Anlagentechnik mehr Fachleute an der Entscheidung beteiligt sind als bei unmittelbar konkretisierbaren Erzeugnissen, wie Standardmaschinen oder Serienaggregaten (vgl. Strothmann 1979, S. 52). Soviel an dieser Stelle zur Beschreibung der Konstruktbildung nach Produktgruppen.

Hinsichtlich des vertikalen Aufbaus der Theorie ist auf die Unterscheidung nach dem deskriptiven und dem operationalen Theoriebestand hinzuweisen (vgl. dazu ausführlich: Strothmann 1979, S. 21 f. und S. 25 ff.). Im deskriptiven Theoriebestandteil werden im wesentlichen folgende Daten registriert:

– *Ergebnisse von Prozeßverlaufsanalysen*
Merkmale und Charakteristika von Entscheidungsprozessen, denen die Erzeugnisse innerhalb der Abnehmer-Unternehmen unterliegen

– *Ergebnisse von Strukturanalysen der Zielpersonen*
Beschreibende Merkmale der Personenkreise, die innerhalb der Abnehmer-Unternehmen an produktbezogenen Entscheidungen beteiligt sind

26

- *Ergebnisse von Analysen der relevanten Argumentation*
  Informationserwartungen der einkaufsentscheidenden Fachleute im Entscheidungs-
  prozeß
- *Ergebnisse von Media-Analysen und Wertigkeitsanalysen der Kommunikationsmittel*
  Informationswege, die von den einkaufsentscheidenden Fachleuten im Entscheidungs-
  prozeß präferiert werden
- *Ergebnisse von Firmen- und Produkt-Image-Analysen*
  Einstellungen der einkaufsentscheidenden Fachleute gegenüber den anbietenden Fir-
  men und ihren Erzeugnissen
- *Ergebnisse von Analysen der Applikationsvoraussetzungen*
  Anwendungsmöglichkeiten und -bedingungen, denen Erzeugnisse innerhalb der Ab-
  nehmer-Unternehmen unterworfen sind.

Mit dieser Datenpalette des deskriptiven Theoriebestandteils sind die wesentlichen Determinanten angesprochen, die in die Marketingplanung eingehen. Vom theoretischen
Standpunkt sind diese Daten produktkategoriebezogen festzustellen und in das jeweilige
theoretische Konstrukt einzubringen. Festzuhalten bleibt, daß der deskriptive Theoriebestandteil nur der Datenregistrierung dient. Eine Interpretation, etwa mit Blick auf eine
Umsetzung in das praktische Marketing, erfolgt zunächst nicht.

Demgegenüber dient der operationale Theoriebestandteil bereits der Registrierung und
Festlegung von Regeln, die im Marketing Anwendung finden können. Dieser Regelbe-
stand kann natürlich nur als gesichert angesehen werden, wenn eine hinreichende empirische Fundierung vorgenommen wurde. Für derartige Regeln können folgende Beispiele
angeführt werden (vgl. dazu ausführlich: Strothmann 1979, S. 28 f.):

- Auf dem Gebiet der komplexen Anlagentechnik ist das Firmenimage von größerer
  Bedeutung als das Produktimage.
- Demgegenüber ist das Produktimage bei unmittelbar konkretisierbaren Erzeugnissen
  von Belang. Das Produktimage erhält eine größere Wirksamkeit, wenn es von zentra-
  len Firmenimage-Faktoren abgestützt wird.
- Imagepolitische Maßnahmen erschließen Preisdurchsetzungspotential, wenn zentrale
  Imagefaktoren zum Gegenstand der Marktkommunikation gemacht werden.
- In größeren Abnehmer-Unternehmen sind mit höherer Wahrscheinlichkeit Promoto-
  ren in Entscheidungsgremien einbezogen als es in kleineren Unternehmen der Fall ist.
  Dies kommt in besonderem Maße bei der komplexen Anlagentechnik zum Tragen.
- Auf dem Gebiet der komplexen Anlagentechnik werden von den einkaufsentscheiden-
  den Fachleuten mehr Informationsquellen genutzt als bei den die anderen Produktkategorien betreffenden Entscheidungen. Dementsprechend sind von den Anbietern
  mehr Marketinginstrumente einzusetzen.

Die Liste der im traditionellen Theoriebestand festgeschriebenen Regeln ließe sich fortsetzen; die bereits aufgeführten Beispiele mögen als Erläuterung derartiger Regeln genügen.

Das wesentliche Fazit dieser Darstellung ist, daß dem Investitionsgütermarketing bislang die Analyse der Marketingvoraussetzungen und -verhältnisse für drei Produktkategorien ausreichte. Es fragt sich, ob diese Dreiteilung im Bereich der Theorie als Grundlage eines Modells weiterhin akzeptiert werden kann, wenn dieses den Belangen eines Innovationsmarketing Rechnung tragen soll.

1.2 Modellbeeinflussende Determinanten

Der entscheidende Einfluß auf Theorie und Praxis des Investitionsgütermarketing geht vom technischen Entwicklungsprozeß aus. Von den bereits beschriebenen Charakteristika dieses Prozesses (vgl. Kap. I) bleibt auch das vorstehend erörterte Modell einer Theorie des Investitionsgütermarketing nicht unbetroffen. Es wurde bereits angedeutet, daß nach dem Entstehen funktionsbereichs-übergreifender, unternehmens-integrierender Systeme Unzulänglichkeiten der angewandten Produktkategorisierung erkannt werden müssen. Als Folge ist weiter zu sehen, daß sich die im deskriptiven und operationalen Theoriebestandteil festgeschriebenen Daten und Regeln verändern. Es wird im folgenden zu erörtern sein, welche Auswirkungen des technischen Entwicklungsprozesses sich in dieser Hinsicht ergeben.

In Abhängigkeit vom technischen Entwicklungsprozeß oder auch in Auswirkung anderer Einflüsse zeichnen sich gesellschaftliche Veränderungen ab, die insoweit nicht außer Betracht gelassen werden dürfen, als sie für das Investitionsgütermarketing neuartige Verhältnisse schaffen. Auch die auf der Abnehmerseite agierenden, einkaufsentscheidenden Fachleute sind als Bestandteile der Gesellschaft zu sehen und bleiben damit von den Vorgängen nicht unberührt, die gesellschaftliche Verhältnisse prägen. Beispielhaft zu erwähnen ist die intensive Umweltdiskussion, die von einer Erörterung der Vor- und Nachteile des Technologieeinsatzes, insbesondere der Großtechnologie, begleitet wird. Dabei stehen die Technologiefolgen im Mittelpunkt der Debatte. Entsteht ein dadurch geprägtes gesellschaftliches Bewußtsein bei denjenigen Mitarbeitern von Unternehmen, die in enger Verbindung zur Technik arbeiten, dann sind Wirkungen auf die Entscheidenden nicht auszuschließen. Diese haben vielmehr neuen Gegebenheiten bei derartig bedeutsamen Entscheidungen Rechnung zu tragen.

Es darf nicht unbeachtet bleiben, daß die Entwicklungen des Arbeitsmarktes das Marketing der System-Hersteller inzwischen erheblich beeinflussen. Sie müssen davon ausgehen, daß bei Entscheidungen über Investitionen in Systemtechnik die Situation am Arbeitsmarkt Berücksichtigung findet. Das in früheren Jahren so gängige Rationalisierungsargument der Technologie-Anbieter verspricht weniger Wirkung, wenn die Rationalisierungswirkung nur durch Entlassung von Arbeitskräften zu gewährleisten ist. Ebenso gravierend wirken technikbedingte Erfordernisse zur Mitarbeiterqualifikation, wenn nur begrenzte Möglichkeiten bestehen, das vorhandene Qualifikationspotential anzureichern.

Es wird schon an diesen Beispielen erkennbar, daß technische und gesellschaftliche Entwicklungsprozesse künftig mehr und mehr von Auswirkung auf das Informations- und Entscheidungsverhalten einkaufsentscheidender Fachleute sein werden. Zahlreiche empirische Untersuchungen werden erforderlich sein, um die Theoriebestandteile auf Modifikationsnotwendigkeiten hin zu durchforsten und neue realitätsbeschreibende Daten für das in die Praxis umzusetzende Investitionsgütermarketing zu ermitteln.

Bei diesem Bemühen um Anpassung an neu entstandene Einflußgrößen ist eine Marketingwissenschaft in einer guten Position, die ihre Modelle von Anbeginn an als offen deklariert hat. Eine Offenheit gegenüber technischen und gesellschaftlichen Prozessen und den daraus resultierenden Wirkungen kann das vorstehende Modell des traditionellen Investitionsgütermarketing für sich in Anspruch nehmen (vgl. Strothmann 1979, S. 30 f.). Nachteilig ist, daß es im Interesse der Aufrechterhaltung des Realitätsbezuges auf einen umfangreichen empirisch gesicherten Daten-Input angewiesen ist.

1.3 Der Praxisbezug des Modells

Großunternehmen haben – ausgehend von ihrer Finanzkraft – die Möglichkeit, umfassende Marktuntersuchungen durchzuführen, mit denen sie wesentliche Informationen für die konkrete Ausgestaltung ihres Marketing gewinnen können. Die Ergebnisse derartiger Untersuchungen sind deshalb von hohem Nutzen, weil die mit ihnen behandelten Themen firmen- und produktindividuell gewählt werden können. Die Untersuchungen tragen somit den besonderen Marktgegebenheiten des einzelnen Unternehmens Rechnung.

Kleine und mittlere Unternehmen sind demgegenüber in einer anders gelagerten Situation. Entweder müssen sie aus finanziellen Gründen auf derartige Marktuntersuchungen verzichten oder entscheidende Abstriche beim Untersuchungsumfang machen, was auf die Ergebnisgenauigkeit von Einfluß sein kann. Insbesondere für solche Unternehmen ist eine Marketingtheorie von Wert, die an den Belangen der Praxis ausgerichtet ist.

Aus diesem Grund sollen einige Hinweise zum Umgang mit der vorgestellten Theorie des Investitionsgütermarketing gegeben werden, schon weil abzusehen ist, daß auch eine an die Systemtechnik angepaßte Theorie gleichartige Nutzungsmöglichkeiten aufweisen wird. Dies wird an späterer Stelle deutlich werden.

Hinsichtlich einer am Schreibtisch zu vollziehenden Theorienutzung ist zunächst zu berücksichtigen, daß das Marketing der Praxis dazu herausgefordert ist, vom konkreten Produkt herkommend auf die mit diesem verbundenen Voraussetzungen für das zu vollziehende Marketing hinzudenken. Diese Betrachtungsweise bleibt zunächst aufrechterhalten, wenn der Theorie-Nutzer das zu behandelnde Produkt in eine der vorgegebenen Produktkategorien einordnet. Er hat jeweils zu prüfen, ob es sich um ein Erzeugnis der komplexen Anlagentechnik, um ein unmittelbar konkretisierbares Produkt oder um ein Serienerzeugnis des laufenden Fertigungsbedarfs handelt. Wird dabei die obere Begrenzungslinie der Theoriestruktur in Abbildung 2 als eine Skala verstanden, dann kann eine Einordnung in ein differenzierteres System erfolgen. Am linken Ende der Skala wären Großprojekte der Hochtechnologie zu positionieren, ganz rechts demgegenüber einfachste Erzeugnisse, wie Schrauben oder Schmierstoffe, die mehr Routineentscheidungen unterliegen.

Nach diesem gedanklichen Einordnungsvorgang, der einer Auflösung produkt- und firmenindividueller Besonderheiten gleichkommt, kann dann aus den deskriptiven und operationalen Theoriebestandteilen der dort festgeschriebene Erkenntnisstand abgerufen werden. Es erfolgt eine Ableitung von Wissen aus einem systematisierten, empirisch gewonnenen Datenbestand. Dabei handelt es sich naturgemäß um Erkenntnisse, die lediglich für Produktkategorien Gültigkeit haben.

Dieser Tatbestand veranlaßt, nach dem Ableitungsprozeß unter produkt- und firmenindividuellen Gegebenheiten und unter Berücksichtigung der eigenen Marktposition am konkreten Fall zu prüfen, ob das für die Produktkategorie Ausgesagte Bestand hat. Dabei kann sich ergeben, daß der damit angesprochene gedankliche Prozeß zu Abweichungen von den theoretisch getroffenen Aussagen führt.

Der beschriebene Umgang mit einer derartigen Theorie ist nicht nur für kleine und mittlere Unternehmen von Belang, sondern auch für Großunternehmen, die oftmals vor rasch zu treffenden Marketingentscheidungen stehen, bei denen die für umfassendere Untersuchungen benötigte Zeit nicht zur Verfügung steht. Darüber hinaus ist mit einer solchen Theorie die schnelle Möglichkeit verbunden, sich in die Bedingungen einzuleben, denen das Marketing für das jeweilig zu behandelnde Produkt unterworfen ist.

Als letzter genereller Vorteil ist zu sehen, daß diese Theorie nicht nur realitätsnahe Ansätze auf dem Gebiet der Marketingforschung bestimmt, sondern auch den Interpretationshintergrund für die damit gewonnenen Erkenntnisse abgibt.

Es wurde bereits darauf hingewiesen, daß die traditionelle Theorie des Investitionsgütermarketing die Grundlage für die nun anzustellende weiterführende Betrachtung ist. Auf dieser Basis wird im folgenden auf die Theorieerweiterungen bzw. -modifikationen hingearbeitet, die angesichts der Entwicklung zur Systemtechnik erforderlich erscheinen.

30

2. Ergänzung des Systems der Produktkategorisierung

Der auf Mikroelektronik basierende technische Entwicklungsprozeß konnte bei den bisherigen Bemühungen um eine Kategorisierung von Investitionsgütern unter Marketingaspekten keine hinreichende Berücksichtigung finden. Die vorliegenden und immer noch angewandten Kategorisierungssysteme entstammen einer Zeit, in der das Ergebnis dieses Prozesses nicht absehbar war. Insbesondere das Entstehen funktionsbereichs-übergreifender, unternehmens-integrierender Systeme war in dem jetzt erkennbaren Ausmaß nach vorhersehbar.

Diesen neu entstandenen Gegebenheiten wird auch mit dem oben beschriebenen, auf einer Produktkategorisierung basierenden Modell nicht Rechnung getragen. Als lohnend erscheint noch der Versuch, die für die komplexe Anlagentechnik gezeichneten Inhalte der einzelnen theoretischen Konstrukte auf die Verhältnisse der Systemtechnik zu übertragen. Es ist jedoch zu vermuten, daß dabei die eigentlichen Besonderheiten von Systemen übersehen werden. Dies könnte zu einer Vernachlässigung entscheidender Ansätze für ein systemadäquates Marketing führen (vgl. Strothmann 1987a, S. 187 f.).

Der entscheidende Einwand gegen die Herstellung derartiger Analogien ist darin zu sehen, daß die bisherige Anlagentechnik weitgehend in klar abgegrenzten Unternehmensbereichen eingesetzt wurde. Selbst wenn es sich dabei um keine isoliert einsetzbaren Anlagen mit klarer Funktionsausrichtung handelte, sondern um funktionsintegrierende Systeme, dann ist diesen doch ein eindeutig abgrenzbares Einsatzgebiet innerhalb der Fertigung oder der Büroorganisation zuzuordnen. Derartige Verhältnisse sind, ausgehend von den heutigen Möglichkeiten der Systemtechnik, nicht mehr in dieser Eindeutigkeit gegeben (vgl. dazu Kliche/Pörner 1987, S. 238).

Weitere, mit der Systemtechnik verbundene Besonderheiten können auf der Grundlage des nachstehend dargestellten Kategorisierungsmodells von Kirsch und Kutschker erörtert werden.

2.1 Die Aussagekraft des Kirsch-Kutschker-Würfels

Kirsch/Kutschker haben mit dem von ihnen entworfenen Würfel eine indirekte Produktkategorisierung vorgenommen (vgl. Abbildung 3). Sie grenzen zunächst produktgerichtete Entscheidungen gegeneinander ab und kristallisieren auf diese Weise verschiedene Entscheidungstypen heraus (vgl. Kirsch/Kutschker 1974, S. 1029 f. und 1978, S. 58 f.).

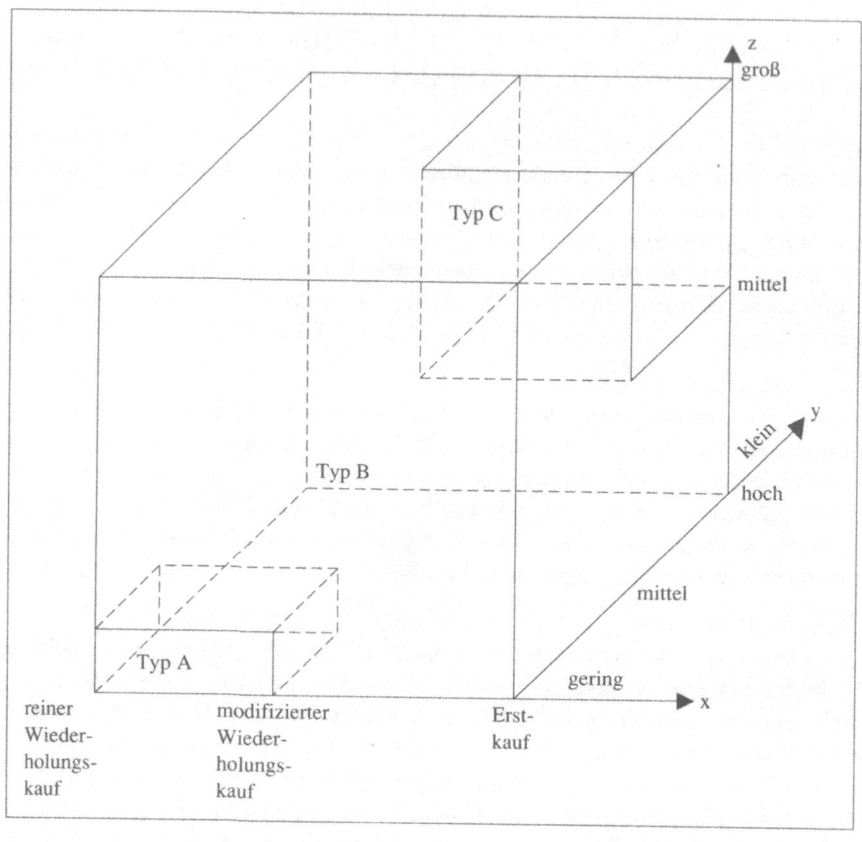

Abb. 3: Typologie von Investitionsentscheidungen nach Kirsch/Kutschker
(1974, S. 1030)

Wie die Abbildung zeigt, werden die Entscheidungstypen A, B und C in ein dreidimensionales Schema eingebracht. Die Einordnung erfolgt anhand der drei Dimensionen

X = Neuartigkeit der Problemdefinition

Y = Ausmaß des organisatorischen Wandels

Z = Wert des Investitionsobjektes

Der Entscheidungstyp C dürfte das Gebiet der komplexen Anlagentechnik betreffen, weil alle drei Charakteristika die höchste Ausprägung aufweisen. Das Gegenteil ist beim Entscheidungstyp A der Fall. Bei diesem sind nur geringe Werte auf der Skala der drei Dimensionen zu verzeichnen (vgl. Kirsch/Kutschker 1978, S. 60). Typisch ist dieser Entscheidungsfall bei Produkten des laufenden Fertigungsbedarfs, also bei Erzeugnissen, die weitgehend habituellen Entscheidungen unterliegen. Typ B nimmt eine Zwischenposition ein. Derartige Entscheidungen sind bei einfacheren Standardmaschinen zu vermuten.

Die Erläuterung dieses Schemas macht deutlich, daß zwar Entscheidungstypen herausgebildet werden, aber auf indirekte Weise eine Produktkategorisierung entsteht. Auch dieses System muß als unvollständig bezeichnet werden, wenn die Systemtechnik Berücksichtigung finden soll. Dies läßt sich relativ leicht mit einer kurzen Erörterung der drei Modelldeterminanten belegen:

Kirsch/Kutschker mußten noch davon ausgehen, daß eine eindeutige Wertaussage die Tragweite der Entscheidung bestimmt. Es besteht die Vorstellung, daß auch eine komplexe Anlage einer Kalkulation unterworfen wird, die die Grundlage für den Angebotspreis bildet. Davon ist bei heutiger Systemtechnik nicht mehr auszugehen. Mit ihr ist vielmehr ein längerfristiger Investitionsprozeß angesprochen, der in verschiedenen Etappen verläuft (vgl. Strothmann 1987a, S. 188; Strothmann 1987b, S. 3; Backhaus/Weiber 1987, S. 76). Damit sind verschiedene Imponderabilien zu berücksichtigen, wie der technische Fortschritt der nächsten Jahre und insbesondere die Preisentwicklung für die in die einzelnen Investitionsphasen einzubringenden Systembestandteile. Abzuschätzen ist jedoch, daß die sich insgesamt ergebende Wertdimension deutlich über dem liegt, was an Angebotspreisen für konventionelle Anlagentechnik zu verzeichnen ist.

Schon diese Betrachtung macht deutlich, daß es gravierende Unterschiede zwischen neuartiger Systemtechnik und konventionellen Anlagen gibt. Ähnliches läßt sich aus der Betrachtung der Modelldeterminante „Neuartigkeit der Problemdefinition" ableiten. Im Kirsch-Kutschker-Modell wird damit eine für den Abnehmer neue Situation unterstellt, die jedoch für andere Unternehmen aufgrund einer gleichartigen Investition bereits als gegeben angenommen werden kann. Insofern ist zu unterstellen, daß zumindest der Hersteller konventioneller Anlagen nicht ohne Objekterfahrung ist und daß der Abnehmer die Möglichkeit hat, sich in Entscheidungssituationen durch die Besichtigung von Referenzunternehmen sicherer zu machen. Derartige Gegebenheiten sind bei neuartiger Systemtechnik kaum anzunehmen.

Die Entscheidungssituation bei einer Systemeinführung ist vielmehr von den Erfordernissen einer unternehmensindividuellen Anpassung geprägt. Dabei muß der Hersteller ein jedes Mal neu zu erarbeitendes Know-how einbringen, und der Abnehmer kann nur sehr unzulängliche Informationen durch die Besichtigung gleichartiger Systeminstallationen gewinnen. Letzterer ist immer darauf angewiesen, daß dem Hersteller eine an spezifische Unternehmensgegebenheiten angepaßte Systemimplementierung gelingt.

Noch deutlicher werden die eingeschränkten Möglichkeiten zur Analogiebildung bei der Diskussion der Modelldeterminante „Ausmaß des organisatorischen Wandels". Bei der Festlegung auf diesen Faktor sind die Modellautoren davon ausgegangen, daß der Technologieeinsatz organisatorische Auswirkungen hat und Veränderungen in der Organisation von Arbeitsabläufen nach sich zieht. Dies ist für konventionelle Anlagen richtig gesehen, trifft jedoch auf die Erfordernisse nicht zu, die eine Systemtechnik bedingt. Bei dieser ist davon auszugehen, daß eine organisatorische Umgestaltung des Unternehmens bereits vor der Systemimplementierung geplant und eingeleitet werden muß. Wenn Systemtechnik von Anbeginn an funktionstüchtig sein soll, dann ist diese in technikangepaßte Organisationsstrukturen einzubringen. Dabei sind organisatorische Maßnahmen zu sehen, die nicht nur einen Unternehmensbereich und dessen Arbeitsabläufe betreffen. Sie bedeuten vielmehr die systemgerechte organisatorische Umgestaltung des gesamten Unternehmens.

Schon daraus läßt sich die Forderung nach einer weiteren Systemdeterminante ableiten, nämlich „das Ausmaß der organisatorischen Umstrukturierung des Unternehmens vor Systemeinsatz".

Bei alledem ist noch übersehen, daß ein unternehmens-integrierender Systemeinsatz nicht nur auf das Unternehmen selbst wirkt. Es sind darüber hinausgreifende Folgen zu verzeichnen, die neue sozioökonomische Fakten im Umfeld des Unternehmens schaffen. In diesem Zusammenhang sind Beschäftigungsfolgen anzuführen, die am Arbeitsmarkt wirksam werden, Umweltprobleme positiver oder negativer Art und dergleichen mehr. Auch diese Folgen sind entscheidungswirksam. Sie sollten deshalb durch die Einführung einer weiteren Modelldeterminante Berücksichtigung finden, etwa unter der Bezeichnung „das Ausmaß der sozioökonomischen Folgen".

Im ganzen zeigt diese Betrachtung des Kirsch-Kutschker-Modells, ebenso wie die im vorigen Abschnitt dargestellte Produktkategorisierung einer Investitionsgütermarketingtheorie, daß die gewählten Produktkategorisierungen nicht ausreichend sind, wenn die Systemtechnik zum Gegenstand einer Marketingtheorie gemacht werden soll. Daraus ist die Forderung nach einer weiteren Produktkategorie abzuleiten, die unter den Begriff „Unternehmens-integrierende Systeme" gestellt wird.

2.2 Die Produktkategorie „Unternehmens-integrierende Systeme"

Die für die neue Produktkategorie vorzusehenden theoretischen Konstrukte sollten in gleicher Weise aufgebaut werden wie die Theoriebestandteile der traditionellen Produktkategorien. Es ist demgemäß auch für die Systemtechnik ein deskriptiver und operationaler Theoriebestandteil herauszubilden. Diese werden jedoch – wie später dargestellt wird – einen umfassenderen Inhalt aufweisen müssen, um die komplexeren Voraussetzungen für ein Innovationsmarketing beschreibbar zu machen.

Vorgelagert muß jedoch interessieren, welche Reichweite diese neue Produktkategorie erhalten soll. Dazu ist zu klären, ob zu dieser Produktkategorie nur die unternehmens-integrierenden Systeme selbst als Endziel eines Investitionsprozesses gehören sollen oder ob auch alle Einstiegstechniken dazugehören, wie beispielsweise CAD-Systeme oder DNC-gesteuerte Werkzeugmaschinen sowie alle Systembestandteile, die im Laufe des systemgerichteten Investitionsprozesses in Betrieb genommen werden.

Die damit aufgeworfene Frage ist insofern nicht ohne weiteres zu beantworten, als Einstiegstechnologien und Systembestandteile nicht unbedingt als systemzugehörig erkannt werden müssen. Sie können im allgemeinen – und an den CAD-Systemen wird dieses deutlich – auch isoliert innerhalb eines Funktionsbereichs eingesetzt werden, ohne daß mit ihnen eine Systembildungsabsicht verbunden wird (vgl. Strothmann u.a. 1987a, S. 11). Inwieweit mit ihnen eine Systembildung geplant wird, hängt eindeutig von den Intentionen des jeweiligen Abnehmers ab. Die vom Abnehmer mit diesen Produkten verfolgten Ziele sind also bei der Einordnung von Einstiegstechniken und Systembestandteilen zu berücksichtigen.

Konkret bedeutet dies, daß Einstiegstechniken und Systembestandteile der Produktkategorie „Unternehmens-integrierende Systeme" zuzurechnen sind, wenn der Abnehmer mit ihnen eine Systemimplementierung beabsichtigt. Wenn der Abnehmer demgegenüber eine isolierte Nutzung innerhalb eines abgegrenzten Funktionsbereichs vorgesehen hat, dann sind diese Produkte den Kategorien „Komplexe Anlagentechnik" oder „Unmittelbar konkretisierbare Erzeugnisse" zuzuweisen (vgl. zu den letzteren Kategorien Strothmann 1979, S. 22 f.).

Damit ist zweifellos für die Hersteller der Systemtechnik und deren Bestandteile eine komplizierte Aufgabe entstanden. Ihnen muß daran gelegen sein, sowohl unternehmensintegrierende Systeme zu vermarkten als auch deren Bestandteile als isoliert einsetzbare Produkte. Inwieweit das eine oder das andere möglich ist, hängt von den Investitionsabsichten der Abnehmer ab. Rein theoretisch fordert dies zum Denken in mehreren Produktkategorien für Produkte heraus, die physisch die gleichen sind, aber durch die Sichtweise der Abnehmer eine unterschiedliche Bedeutung erhalten. Entsprechend schwierig ist die Einordnung der Produkte in das für sie zuständige theoretische Konstrukt. Sie muß zwangsläufig von der beim Abnehmer anzutreffenden Konstellation abhängig gemacht werden.

Das Fazit aus dieser Betrachtung ist, zunächst die Präzisierung der neuen Produktkategorie „Unternehmens-integrierende Systeme"; des weiteren die Zuordnung aller Einstiegstechniken und Systembestandteile zu dieser Produktkategorie, wenn sie abnehmerseitig eine systembezogene Deutung erfahren haben. In diesem Fall gelten für sie, wie für die Systemtechnik überhaupt, die Gesetze und Regeln eines Innovationsmarketing. Das traditionelle Investitionsgütermarketing kommt bei Einstiegstechniken und Systembestandteilen dann zum Tragen, wenn eine systemlosgelöste Bewertung der Abnehmer eine Einordnung dieser Produkte in die konventionellen Kategorien nahelegt.

3. Herausforderung der empirischen Forschung

Mit der Bildung der neuen Produktkategorie „Unternehmens-integrierende Systeme" ist gleichzeitig ein relativ umfangreicher Forschungsbedarf entstanden. Es wird Aufgabe der empirischen Forschung sein, die Inhalte der für diese Produktkategorie vorzusehenden deskriptiven und operationalen Theoriebestandteile neu zu bestimmen. Insbesondere ist auf diese Weise das Vergleichsmaterial zu schaffen, mit dem die Übereinstimmungen und insbesondere die Abweichungen von den in den traditionellen theoretischen Konstrukten beschriebenen Gegebenheiten ermittelbar werden. Diese stellen also die Vergleichsbasis dar.

Im wesentlichen werden es die auf dem Gebiet der Systemtechnik unter verschiedenen Zielsetzungen durchzuführenden Marktuntersuchungen sein, die den entscheidenden Erkenntnisbeitrag erbringen. Darüber hinaus ist aber auch die empirische Forschung im wissenschaftlichen Bereich gefordert, Untersuchungen durchzuführen, mit denen bestehende Informationslücken geschlossen werden können.

Der Wunsch nach einer Theorieanreicherung mit empirischen Forschungsergebnissen korrespondiert mit dem Ziel, eine realitätsnahe Theorie auch für die neue Produktkategorie herauszubilden. Die dazu vorgeschlagene Vorgehensweise hat sich bereits bei der Schaffung der traditionellen Theorie des Investitionsgütermarketing bewährt (vgl. Abschnitt 1.1 dieses Kapitels). Von ihr sollte auch bei der Herausbildung eines Innovationsmarketing nicht abgewichen werden.

Die mit empirischen Untersuchungsmethoden anzugehenden Problembereiche lassen sich anhand der Inhalte bisheriger Theoriebestandteile abhandeln. Dabei wird auf die bereits erwähnte Themen- bzw. Datenaufstellung verwiesen (vgl. Abschnitt 1.1 dieses Kapitels). Bei der Anpassung dieser Themenliste wird davon ausgegangen, daß die dazu bisher als gültig erachteten Ergebnisse nicht auf das Konstrukt Systemtechnik übertragen werden können und auch eine Analogiebildung zur komplexen Anlagentechnik nicht unmittelbar möglich ist.

Im einzelnen zeichnen sich folgende Forschungsvorhaben ab, die im Interesse des anstehenden Theoriebildungsprozesses initiiert und durchgeführt werden sollten:

- Zunächst sind neue Prozeßverlaufsanalysen durchzuführen, da davon auszugehen ist, daß sich auf dem Gebiet der Systemtechnik neue Merkmale und Charakteristika von Entscheidungsprozessen ergeben. Dabei ist insbesondere zu sehen, daß nunmehr die Vorbereitungszeit der Abnehmer vor dem eigentlichen Investitionsprozeß zunehmende Bedeutung erlangt. Es ist deshalb die Frage zu stellen, ob dieser Tatbestand von Auswirkung auf den herstellergerichteten Entscheidungsprozeß der Abnehmer ist.
- Auch die Strukturen der marketingrelevanten Zielpersonen sind zu überprüfen. Ausgehend von dem funktionsbereichs-übergreifenden Charakter von Systemen wird es

mutmaßlich zu einer Erweiterung der Entscheidungsgremien kommen. Die neu in die Betrachtung einzubeziehenden Entscheidungsträger müssen identifiziert werden.

- Ausgehend von der Komplexität der Entscheidungssituation werden sich auch die Informationserwartungen und -ansprüche der an Entscheidungsprozessen beteiligten Fachleute verändern. Damit sind andere, durch die Systemtechnik notwendig gewordene Argumente in die Kommunikationspolitik der Hersteller einzuführen. Auch dieser Themenkreis steht zur Untersuchung an.

- Sicherlich wird sich die Wertigkeit der bislang eingesetzten Medien und Kommunikationsmittel verschieben. Ausgehend von andersgelagerten Informationserwartungen werden die Entscheidungsbeteiligten andere Orientierungen hinsichtlich der Kommunikationsinstrumente vornehmen.

- Von besonderer Bedeutung wird die Überprüfung der Frage sein, in welchem Ausmaß die Abnehmer bereits eine systemgerichtete Betrachtung und Planung anstellen. Soweit die Möglichkeiten empirischer Forschung ausreichen, sind die systembezogenen Applikationsbedingungen zu eruieren. Dem sind die Verhältnisse in Unternehmen gegenüberzustellen, in denen noch funktionsbereichsgerichtete Investitionen beabsichtigt werden. Aus diesen Befunden lassen sich neue Ansätze für eine marketingrelevante Segmentierung ableiten.

Damit wurden die erforderlichen Forschungsvorhaben zur Darstellung gebracht, die auch das bislang verfolgte Programm traditioneller Marketingforschung ausmachten, ohne das systembedingte Veränderungen dabei eine Rolle spielten. Bei den erzielten oder erzielbaren Ergebnissen handelt es sich im wesentlichen um die zur Anreicherung des deskriptiven Theoriebestandteils erforderlichen Informationen.

Angesichts der absehbaren Folgen für das Marketing für Systeme werden sich weitere Forschungsvorhaben als notwendig erweisen, die über den bislang dargestellten Themenrahmen hinausgehen. Dies wird sich im Laufe dieser Arbeit abzeichnen.

Ein relativ hoher Klärungsbedarf besteht auch in bezug auf den operationalen Theoriebestandteil, der für die neue Produktkategorie entstehen muß. Hier sind empirisch gestützte Regeln für das Marketing der Praxis zu entwickeln, wie in den folgenden Fragestellungen deutlich wird:

- Anhand welcher Merkmale sind Unternehmen zu identifizieren, in denen eine hohe Bereitschaft zur Verfahrensinnovation besteht?

- Gibt es Zentralfiguren (Innovatoren) innerhalb der Unternehmen, die die Verfahrensinnovation initiieren und beschleunigen?

- Welche Merkmale weisen diese „Innovatoren" auf?

- Mit welchen Methoden kann auf derartige „Innovatoren" eingewirkt werden?

- Auf welche Weise läßt sich auf dem Gebiet der Systemtechnik in Verhandlungssituationen Preisdurchsetzungspotential erschließen?

– Welche Imagekonstellation ist herbeizuführen, damit das Verkaufsgeschehen eine wirksame Abstützung erfährt?

– Welche Maßnahmen sind geeignet, den Abnehmer in der Vorbereitung auf den Technologieeinsatz wirksam zu unterstützen?

– Inwieweit ist das Leistungsbild auf dem Gebiet derartiger Hilfestellungen zum Gegenstand der Marketingkommunikation zu machen?

Es ist zu erkennen, daß die empirische Marketingforschung vor nicht unerheblichen Aufgaben steht. Diese müssen im Interesse eines erfolgreichen Innovationsmarketing angegangen und gelöst werden, damit der Technologie-Durchsetzungsprozeß nicht durch ein falsches Hersteller-Marketing behindert wird. Die dazu erforderlichen Klarstellungen liegen im Interesse der Wettbewerbsfähigkeit der System-Hersteller auf der einen und der System-Anwender auf der anderen Seite (vgl. dazu auch Strothmann 1987a, S. 191 f.).

Etliche Untersuchungen sind bereits durchgeführt worden, die sich punktuell mit dem einen oder anderen der vorstehend aufgeworfenen Themen befassen (vgl. beispielsweise Strothmann u.a. 1987a; Strothmann u.a. 1987b). Andere Untersuchungen befinden sich in der Vorbereitung. Die bereits vorliegenden themenrelevanten Ergebnisse werden in die folgenden Kapitel einfließen. Sie dienen der Stützung der verfolgten Argumentation. Als voll gesichert können diese Erkenntnisse noch nicht gelten. Wenn sie dennoch Verwertung finden, so wird das von dem Bestreben diktiert, einen möglichst schnellen Erkenntnistransfer in die Marketingpraxis zu ermöglichen.

4. Das Verhältnis von Entscheidungs- und Investitionsprozessen

Im Theoriegebäude des traditionellen Investitionsgütermarketing nimmt der entscheidungsprozeßorientierte Ansatz eine zentrale Position ein. Eine derartige, auf den Entscheidungsprozeß fixierte Theorie, orientiert sich am folgenden Bestandteil der Definition des Investitonsgütermarketing:

„Marketing für Investitionsgüter umfaßt die Festlegung, Abstimmung und Anwendung marktorientierter Maßnahmen, die unter der Zielsetzung stehen, die an An- und Beschaffungsprozessen der Abnehmerbetriebe beteiligten Fachleute von den Vorteilen des eigenen Erzeugnisses, von der eigenen Leistungsstärke zu überzeugen und nach erfolgtem Kaufentscheid die Voraussetzungen für den optimalen Produkteinsatz bzw. die optimale Leistungsumsetzung zu schaffen" (Strothmann 1979, S. 16).

Der Inhalt dieser Definition unterstellt, daß innerhalb der Abnehmerbetriebe für Investitionsgüter Entscheidungsprozesse ablaufen, die in einen Kaufentscheid einmünden. Für die Hersteller gilt, auf diese produkt- und herstellergerichteten Entscheidungsprozesse einzuwirken, und zwar mittels der verfügbaren Marketinginstrumente. Da es sich immer nur darum handeln kann, die an den Entscheidungsprozessen beteiligten Fachleute zu beeinflussen, kommt dabei der Kommunikationspolitik eine herausragende Bedeutung zu.

Ausgehend von diesem entscheidungsprozeßorientierten Ansatz war es nur folgerichtig, mit den Möglichkeiten der empirischen Forschung die in der Realität abgelaufenen Entscheidungsprozesse zu analysieren und zu beschreiben. Dies führte zu einer differenzierten Veranschaulichung von Entscheidungsprozessen. Es zeigte sich, daß Entscheidungs-

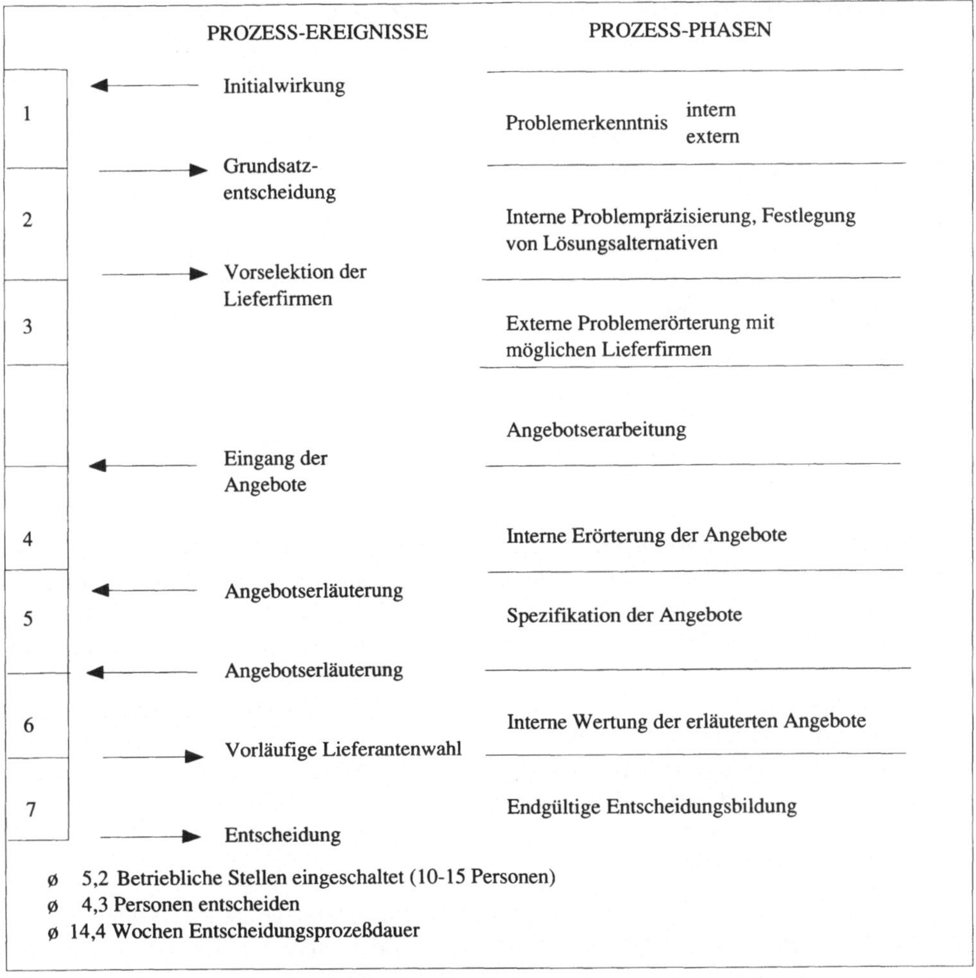

Abb. 4: Entscheidungsprozeß bei technischen Anlagegütern
(aus: Strothmann 1979, S. 49)

prozesse in verschiedene Phasen einteilbar sind und daß in den einzelnen Prozeßphasen unterschiedliche Mitglieder des Entscheidungsgremiums mitwirken. Das hat für das Marketing der Hersteller die zwangsläufige Folge, auch unterschiedliche Instrumente zur Steuerung der erkannten Prozeßphasen einzusetzen (vgl. Strothmann 1979, S. 46 ff.).

Mit Abbildung 4 wird ein Entscheidungsprozeß dargestellt, der im Rahmen einer empirischen Untersuchung auf dem Gebiet der technischen Anlagegüter ermittelt wurde (vgl. Spiegel-Verlag 1972). Dabei handelt es sich um das prototypische Durchschnittsergebnis, das sich aufgrund der Analyse zahlreicher Entscheidungsprozesse zeichnen läßt.

Berücksichtigt man, daß sich dieser Entscheidungsprozeß auf Werkzeugmaschinen konventioneller Art bzw. auf typische Büromaschinen bezieht, dann werden die unter der Abbildung angegebenen Daten verständlich. Sie weisen darauf hin, daß in derartige Entscheidungen bis zu 15 Personen eingeschaltet sind und daß sich eine relativ lange Prozeßdauer von etwa 14 bis 15 Wochen ergibt. Es ist davon auszugehen, daß sich deutlich höhere Werte abzeichnen, wenn komplexere Technologien als Entscheidungsobjekt beleuchtet werden.

Nach diesem Rückgriff auf bewährte Inhalte des traditionellen Investitionsgütermarketing stellt sich die Frage, ob der entscheidungsprozeßorientierte Ansatz auch im Innovationsmarketing Bestand hat.

4.1 Der Entscheidungsprozeß im Innovationsmarketing

Folgt man den bislang vorliegenden empirischen Untersuchungsergebnissen, dann läßt sich aus dem Vergleich von Entscheidungsprozessen, die für die einzelnen Produktkategorien zu zeichnen sind, folgendes ableiten: Je größer die Entscheidungstragweite und je höher das Entscheidungsrisiko, desto längere Zeiträume nehmen die produkt- und herstellergerichteten Entscheidungsprozesse in Anspruch und um so besser lassen sich die empirisch ermittelten Prozeßverläufe aus empirischen Daten nachzeichnen. Dies wird schon aus einem Vergleich von Entscheidungsprozessen deutlich, die auf dem Gebiet der konventionellen Anlagentechnik im Vergleich zu Standarderzeugnissen oder zu Produkten des laufenden Fertigungsbedarfs ablaufen. Gerade die letzteren Produkte führen aufgrund mehr habitueller Entscheidungsvorgänge zu relativ unkonturierten Prozeßverläufen (vgl. Strothmann 1979, S. 52 ff.).

Ausgehend von dieser Betrachtung kann für unternehmens-integrierende Systeme als Gegenstand des Innovationsmarketing ausgesagt werden, daß sie für ein Abnehmer-Unternehmen ein hohes Entscheidungsrisiko darstellen und angesichts ihrer Folgen für das investierende Unternehmen von großer Tragweite sind. Damit ist bereits indirekt hergeleitet, daß langwierige Entscheidungsprozeßverläufe auf dem Gebiet der Systemtechnik zu unterstellen sind. Auch dürfte die Zahl der entscheidungsbeteiligten Personen deutlich größer sein als auf dem Gebiet der konventionellen Anlagentechnik. Dies folgt aus dem Tatbestand, daß kein Unternehmensbereich von einer Systemeinführung unbetroffen bleibt.

Das Fazit aus dieser Betrachtung kann nur lauten, daß der entscheidungsprozeßorientierte Ansatz im Innovationsmarketing seine volle Gültigkeit behält. Es wird damit zur Aufgabe empirischer Forschung, die systemgerichteten Entscheidungsprozesse zu durchleuchten und damit die zentrale Grundlage für ein Innovationsmarketing aufzubereiten. Bei Berücksichtigung der von der Systemtechnik ausgehenden Besonderheiten ist aber auch zu klären, in welchem Verhältnis der Entscheidungsprozeß künftig zum Investitionsprozeß steht (vgl. Strothmann 1987a, S. 189).

4.2 Der Einfluß von Vorbereitungszeiten

Bei der Behandlung der CAD/CAM-Untersuchung (vgl. Kap. I, Abschnitt 3) konnte bereits dargelegt werden, daß Anwender und Nicht-Anwender von CAD-Systemen von einer längeren Vorbereitungszeit ausgehen, die sie vor der eigentlichen Investition in Anspruch nehmen müssen. Die für diese Technik angeführten Zeiten von etwa ein bis zwei Jahren (vgl. Strothmann u.a. 1987a, S. 20) dürften sich deutlich verlängern, wenn es um die Investition in ein unternehmens-integrierendes System geht. Diese vom Abnehmer für notwendig erachtete Vorbereitungszeit ist bei der Spekulation über das Verhältnis vom Entscheidungsprozeß zum Investitionsprozeß zu berücksichtigen.

Anzunehmen ist, daß der abnehmerseitig zu sehende Entscheidungsprozeß zu einem anderen Ergebnis führt als bisher. Auf dem Gebiet konventioneller Technik stand am Ende des Entscheidungsprozesses ein eindeutiger Produkt- und Herstellerentscheid. Damit war klargestellt, welcher Hersteller eine Maschine oder Anlage zu liefern und zu installieren hatte. Diese Eindeutigkeit der Entscheidung kann auf dem Gebiet der Systemtechnik nicht unterstellt werden. Der Abnehmer wird in einem initiierten und ablaufenden Entscheidungsprozeß die Hersteller und deren Leistungen in Anbetracht der vor der Investition liegenden Vorbereitungszeit unter anderen Aspekten werten als bisher. Er wird die Frage prüfen, ob er von diesem Hersteller in der Vorbereitungszeit allein gelassen wird oder nicht. Zur Bewertung stehen diejenigen Herstellerleistungen an, die Hilfestellung in der Vorbereitungszeit bedeuten.

Damit führt der vor einer Vorbereitungszeit liegende Entscheidungsprozeß zu einem anderen Resultat. Die Entscheidung bedeutet voraussichtlich noch nicht die Beauftragung eines Herstellers mit der Systemimplementierung, sondern zunächst die Inanspruchnahme der verschiedenen Leistungen, die für eine optimale Gestaltung der Investitionsvorbereitung benötigt werden. Es läßt sich gar fragen, ob der unter diesen Kriterien ausgewählte Hersteller nicht am Ende der Vorbereitungszeit erneut bewertet wird und erst dann den Auftrag für die Hard- und Softwareinstallation erhält. Dies sind weitgehend ungeklärte Fragen. Vermutlich können sie aus den Vertriebserfahrungen der Hersteller vorläufig beantwortet werden. Eine systematische Klärung mit den Möglichkeiten der empirischen Forschung erscheint jedoch zusätzlich notwendig.

Eine Schlußfolgerung dürfte indessen zumindest vom theoretischen Standpunkt verantwortbar sein. Zwischen dem vom Innovationsmarketing zu beachtenden Entscheidungsprozeß und dem eigentlichen Investitionsprozeß liegt eine längere Vorbereitungszeit des Abnehmers. Es muß im Interesse der Hersteller liegen, dies zur Kenntnis zu nehmen und entsprechende Leistungsbereiche zu eröffnen, die der Abnehmer in der Vorbereitungszeit in Anspruch nehmen kann. Dies wird von günstiger Auswirkung sowohl auf den vorangehenden Entscheidungsprozeß als auch auf den sich anschließenden Investitionsprozeß sein. Die nachstehende Abbildung verdeutlicht das neue Verhältnis von Entscheidungs- zu Investitionsprozessen im Innovationsmarketing (vgl. Abb. 5).

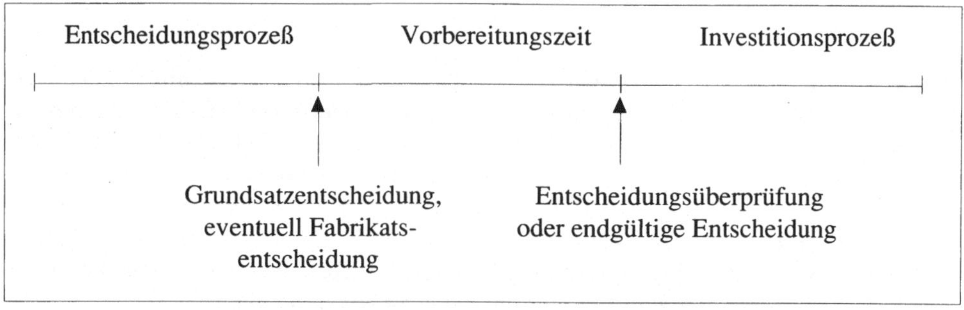

Abb. 5: Verhältnis von Entscheidungs- zu Investitionsprozessen
im Innovationsmarketing

5. Die Bedeutung der Interaktion

5.1 Der Interaktionsansatz

Neben dem zuvor behandelten entscheidungsprozeßorientierten Ansatz ist der Interaktionsansatz von zentraler Bedeutung im Investitionsgütermarketing (vgl. dazu die Übersicht in: Backhaus 1982, S. 65). Auch in bezug auf den Interaktionsansatz muß deshalb die Frage gestellt werden, ob er in theoretischer Reinkultur aufrechterhalten werden kann, wenn die Gegebenheiten der Systemtechnik Berücksichtigung finden.

Zunächst soll ein Vergleich beider Ansätze dazu beitragen, die Besonderheiten des Interaktionsansatzes zu verdeutlichen. Erkennbar geworden ist, daß mit dem entscheidungsprozeßorientierten Ansatz eine Klärung und Berücksichtigung der beschaffungsrelevanten Verhältnisse innerhalb von Abnehmer-Organisationen angestrebt wird. Schon deshalb stehen die auf der Abnehmerseite verlaufenden Entscheidungsprozesse bei den Vertretern dieses Ansatzes im Mittelpunkt des Interesses. Die marketingbedingten Erfordernisse, unter denen die Anbieter-Organisation steht, werden dabei zunächst als Notwendigkeiten zur Problemlösung auf den Gebieten Marketingorganisation, -planung und -realisierung angesehen. Dabei ist allerdings – ausgehend vom Grundgedanken des Marketing – zu fordern, daß die anstehenden Problemlösungen unter Beachtung der bei den Abnehmern zu verzeichnenden Gegebenheiten, also auch der Charakteristika ablaufender Entscheidungsprozesse zu suchen sind.

Eine gewisse Einseitigkeit ist dem entscheidungsprozeßorientierten Ansatz nach dem Dargelegten nicht abzusprechen. Mit diesem Ansatz wird unterstellt, daß die Aktionsmöglichkeiten weitgehend bei der Anbieter-Organisation liegen, wenn sie die beim Abnehmer vorliegende Faktenkonstellation zu beeinflussen sucht. Dabei darf jedoch nicht übersehen werden, daß eine der wichtigsten Möglichkeiten zur Steuerung abnehmerseitig verlaufender Entscheidungsprozesse in der Kommunikationspolitik besteht. Schon der Begriff Kommunikation impliziert, daß es offenkundig einen wechselseitigen Informationsaustausch zwischen Anbieter- und Abnehmer-Organisationen gibt. Dennoch bleibt das Unbehagen, daß der entscheidungsprozeßorientierte Ansatz die auf der Anbieterseite zu verzeichnenden Entscheidungskonstellationen nicht hinreichend berücksichtigt.

Dieser Mangel des entscheidungsprozeßorientierten Ansatzes wird mit dem Interaktionsansatz beseitigt. Der Interaktionsansatz geht davon aus, daß es mehr oder weniger rege Austauschbeziehungen zwischen den Anbietern und Abnehmern gibt (vgl. zum Interaktionsansatz: Kirsch/Kutschker 1978, S. 17 ff. und Backhaus 1982, S. 61 ff.). Er berücksichtigt weiter, daß sich der Austausch sowohl auf Informationen als auch auf Produkte und Leistungen bezieht und daß diese Transaktionen in und nach Entscheidungsprozessen zustande kommen, die in beiden Organisationen, also beim Hersteller und beim Abnehmer ablaufen. Damit rücken weitere Entscheidungsprozesse, also auch die in Hersteller-Organisationen, ins Blickfeld (vgl. Kirsch/Kutschker 1978, S. 37).

Es wird beim Interaktionsansatz unterstellt, daß es Beziehungen zwischen den beidseitig ablaufenden Entscheidungsprozessen gibt. Diese sind unterschiedlich intensiv. Die Intensität der Beziehungen dürfte, wie im folgenden darzulegen ist, in starkem Maße von den Produkten abhängen, die jeweils Gegenstand des Marketing sind.

5.2 Die Produktabhängigkeit der Interaktionsintensität

Schon die Tatsache, daß in der Literatur mehrere Interaktionsansätze beschrieben werden, deutet darauf hin, daß unterschiedliche personale und organisationale Konstellationen in verschiedenartiger Weise miteinander in Interaktion treten. So werden von Personen und von Organisationen geprägte Ansätze dargestellt, und diese lassen sich wiederum danach unterscheiden, ob sie Interaktionen in einer Zweierbeziehung beschreiben oder ob sie von mehreren Personen bzw. Organisationen ausgehen. Im Falle der Zweierbeziehung wird von dyadisch-personalen (vgl. z.B. Evans 1963, Bagozzi 1974) oder dyadisch-organisationalen Interaktionsansätzen (vgl. z.B. Håkansson/Östberg 1975; Gemünden 1979, 1980) gesprochen. Sind jeweils mehr als zwei Personen bzw. Organisationen in die Betrachtung einzubeziehen, dann werden die zur Beschreibung herangezogenen Ansätze als multipersonal (vgl. z.B. Tucker 1964) bzw. multiorganisational bezeichnet (vgl. z.B. Backhaus/Günter 1976; Kutschker/Kirsch 1978).

Die mit verschiedenen Ansätzen aufgeworfene Frage lautet: Mit welchen der damit angesprochenen Theorien lassen sich die jeweils gegebenen Interaktionsverhältnisse realitätsnah und zuverlässig beschreiben?

Ein Blick in die Praxis und die Analyse entsprechender empirischer Befunde machen darauf aufmerksam, daß die Gültigkeit der verschiedenen Ansätze offenkundig von der jeweils betrachteten Produktkategorie abhängig ist. Dort, wo habituelle Entscheidungen, etwa bei Erzeugnissen des laufenden Fertigungsbedarfs, zu treffen sind, dürfte der dyadisch-personale Ansatz eine hinreichende Beschreibung von Interaktionen ermöglichen. Demgegenüber werden im Falle der komplexen Anlagentechnik oftmals Organisationen hinzugezogen (z.B. Consulting-Unternehmen), die während der verlaufenden Entscheidungsprozesse in Erscheinung treten (vgl. Backhaus 1982, S. 69 ff.). Damit wären für diesen Fall multiorganisationale Interaktionsansätze erklärungsfähig. Auf dem Gebiet der einfacheren Standarderzeugnisse ist eine Situation anzunehmen, in der ein Repräsentant der Anbieter-Firma mit einem Entscheidungsgremium des Abnehmers kommuniziert. Insofern sind personale Gegebenheiten interaktionsprägend.

Die Betrachtung macht deutlich, daß der Interaktionsansatz gegenüber dem entscheidungsprozeßorientierten Ansatz mehr Gewicht erhält, wenn Entscheidungen von Tragweite innerhalb eines Abnehmer-Betriebes anstehen. Insbesondere ist der Interaktionsansatz dann bedeutsam, wenn das zu behandelnde Investitionsobjekt eine permanente Kommunikation und Kooperation zwischen dem Hersteller- und dem Abnehmer-Unternehmen unerläßlich macht. Dies ist auf dem Gebiet der komplexen Anlagentechnik jedoch in stärkerem Maße der Fall als bei einfacheren Standarderzeugnissen.

5.3 Erweiterungen des Interaktionsansatzes für das Gebiet der Systemtechnik

Wenn der Interaktionsansatz bei verschiedenen Produktkategorien eine unterschiedliche Bedeutung hat, insbesondere seine verschiedenen Spielarten, dann ist die Frage zu prüfen, in welcher Form dieser Ansatz zur Erklärung der Beziehungen zwischen Unternehmen auf dem Gebiet der unternehmens-integrierenden Systemtechnik herangezogen werden kann. Dazu ist zunächst festzustellen, daß die Systemtechnik im Vergleich zu anderen Produktkategorien die intensivsten Zwänge zur Kommunikation und Kooperation von Herstellern und Abnehmern auslöst. Schon im eigentlichen Entscheidungsprozeß, der der Vorbereitungszeit des Abnehmers vorausgeht, sind beide Seiten auf Kooperation und auf permanenten Informationstausch angewiesen. Hersteller und Abnehmer müssen die gesamten unternehmens-spezifischen Bedingungen einer Systemimplementierung analysieren und eine erste Idee von der Systemkonfiguration entwickeln (vgl. Kliche/ Pörner 1987, S. 246 ff.).

Die in diesem Prozeß zu treffenden Entscheidungen haben bereits erhebliches Gewicht, steht doch am Ende des Entscheidungsprozesses voraussehbar fest, mit welchem Hersteller die Systementwicklung und -installation betrieben werden soll, insbesondere wer der vertrauenswürdige Partner bei der Gestaltung der Vorbereitungszeit sein wird. Angesichts der Tragweite der zu treffenden Entscheidungen ist davon auszugehen, daß sowohl auf der Hersteller- als auch auf der Abnehmerseite zahlreiche Fachleute bzw. Organisationsmitglieder aus allen beteiligten Funktionsbereichen die Entscheidungsgremien bilden. Hinzu kommt, daß externe Beratungsunternehmen und Consultants hinzugezogen werden, die von der einen oder von der anderen Seite beauftragt werden können (vgl. dazu ausführlich: Strothmann u.a. 1987a, S. 14 ff.).

Ausgehend von der zu sehenden Konstellation ist der multiorganisationale Interaktionsansatz das zutreffende Erklärungsmodell. Dies gilt auch für die innerhalb des Abnehmer-Unternehmens zu gestaltende Vorbereitungszeit. An den hier wahrzunehmenden Aufgaben werden sowohl die Fachleute des System-Herstellers als auch des -Anwenders beteiligt sein. Es ist eine bislang noch empirisch ungeklärte Frage, inwieweit die Teilnehmer am vorgelagerten Entscheidungsprozeß auch in der Vorbereitungszeit mitwirken oder durch andere Fachleute mit höherer Kompetenz für die in dieser Phase zu erbringenden Leistungen ersetzt werden. Dabei kann von der These ausgegangen werden, daß sich während des Entscheidungsprozesses bereits bei einigen Fachleuten ein systembezogenes Expertenwissen angereichert hat, das auch in die Vorbereitungszeit eingebracht wird. Das würde jedoch bedeuten, daß es eine Kerngruppe von Entscheidern geben wird, die über den Entscheidungsprozeß und die Systemvorbereitung hinweg bis in den eigentlichen Investitionsprozeß hinein erhalten bleibt und jeweils durch andere Fachleute angereichert wird, die die einzelnen Etappen vor und während der Investition mitgestalten (vgl. dazu auch: Strothmann 1987a, S. 190). Unabhängig davon ist auch bei wechselnden Personen von der Erklärungsfähigkeit des multiorganisationalen Ansatzes auszugehen.

Hinsichtlich des eigentlichen, langwierigen System-Implementierungsprozesses, der nach Beendigung der Vorbereitungszeit beginnt, kann die wohl klare Feststellung getroffen werden, daß u.a. eine Vielzahl von Systemtechnikern, Spezialisten der Datenverarbeitung und Softwareentwicklung sowohl der Hersteller-Unternehmen als auch der System-Anwender in die Zusammenarbeit beider Seiten eingebracht werden müssen. Im Interesse der Aufrechterhaltung der ursprünglichen Systemkonzeption erscheint es natürlich, wenn auch die eigentliche Investitionsphase von der am Anfang herausgebildeten Expertengruppe begleitet und kontrolliert wird.

Fraglich ist bei alledem, ob der für die Vorbereitungszeit gewählte Parner der Herstellerseite auch den Auftrag zur Systemerrichtung erhält. Dies dürfte gravierend von den in der Vorbereitungszeit erbrachten Leistungen des jeweiligen System-Herstellers abhängig sein.

Ausgehend von den drei als wesentlich erkannten Phasen und den durch wechselnde Entscheidungsbeteiligte zu verzeichnenden Veränderungen ist von einer allgemeingültigen Interaktionskonfiguration nicht auszugehen. Ein Innovationsmarketing steht damit vor dem Problem, die multiorganisationalen Bezüge für den Entscheidungsprozeß, die Vorbereitungszeit und die Investitionsperioden gesondert zu analysieren und sehr unterschiedliche Verhältnisse bei der phasenbezogenen Planung von Marketingmaßnahmen und deren Umsetzung zu berücksichtigen.

5.4 Die Preis- und Finanzierungspolitik als Interaktionsanlaß

Die bisherige Betrachtung ist weitgehend von technischen Erwägungen geleitet und auf die Normvorstellung eines optimalen System-Implementierungsprozesses ausgerichtet. Dabei ist zwangsläufig das Problem der Preisverhandlung und der Bestimmung der erforderlichen Investitionssummen ausgeklammert worden. Das gleiche gilt für die Entwicklung der Finanzierungsmodalitäten. Damit sind jedoch entscheidende Verhandlungspunkte angesprochem, die neben der Technik der Systemauslegung und -anpassung von zentraler Bedeutung für den Abnehmer sind.

Preise und Finanzierungsmöglichkeiten haben bislang die Diskussionen in Verkaufsgesprächen weitgehend beherrscht. Dieser bei konventioneller Technik zu verzeichnende Sachverhalt gewinnt bei einer unternehmens-integrierenden Systemeinführung eminente Bedeutung. Es ist deshalb davon auszugehen, daß sowohl der Entscheidungsprozeß als auch die Vorbereitungs- und Investitionszeit permanent von Preis- und Finanzierungsgesprächen begleitet werden. Dies veranlaßt über kommunikative Interaktionen nachzudenken, die sich jenseits der technischen Problematik zwischen Anbieter- und Abnehmer-Organisationen ergeben. Angesichts der Komplexität der Materie dürfte auch zur Interpretation der damit angesprochenen Vorgänge der multiorganisationale Interaktionsansatz herangezogen werden können.

Im Interesse der einwandfreien technischen Systemimplementierung sollte dabei aus normativer Sicht gefordert werden, daß die zuvor mit der Technik befaßten Entscheidungsgremien von der preispolitischen und Finanzierungsproblematik unabhängig frei agieren können. Sie bleiben damit der Zielsetzung verpflichtet, auf die technisch optimale Lösung hinzuarbeiten.

Dies hat zur Folge, daß sich weitere Entscheidungsbeteiligte des Anbieter- und Abnehmer-Unternehmens voll der Aufgabe widmen können, ein technikangepaßtes Finanzierungskonzept zu entwickeln, das den Möglichkeiten des potentiellen System-Anwenders entspricht. Auch die dazu erforderlichen Verhandlungen sind von diesen damit befaßten Gremien zu führen.

In der Konsequenz bedeutet das, daß weitere Mitglieder der Anbieter- und Abnehmerseite zu sehen sind, die über alle zuvor besprochenen Phasen hinweg in Interaktion stehen. Dies kompliziert den zur Beschreibung geeigneten Interaktionsansatz zusätzlich, weil beidseitig neue Gremien entstehen müssen, die auf die Behandlung preispolitischer Probleme, Investitionsrechnung und Finanzierungsmodalitäten spezialisiert sind.

Insoweit die theoretischen Grundlagen, die im wesentlichen eine Erweiterung der traditionellen Theorie des Investitionsgütermarketing in Richtung eines Innovationsmarketing bedeuten. Die Erörterung verschiedener theoretischer Ansätze hat dabei folgendes ergeben: Zunächst bedarf es einer Ergänzung des bislang angewandten Systems der Produktkategorisierung um die Kategorie der unternehmens-integrierenden Systemtechnik. Für diese neue Produktkategorie sind marketingrelevante Informationen zu beschaffen. Das gilt sowohl für einen mit neuem Inhalt anzureichernden deskriptiven wie auch für den operationalen Theoriebestandteil. Die empirische Forschunng ist damit herausgefordert, für einen realitätsnahen Informations-Input zu sorgen.

Des weiteren führt die vorstehende Betrachtung zu dem Ergebnis, daß Investitionsprozesse nicht die unmittelbare Folge von vorausgehenden Entscheidungsprozessen sind. Zwischen Entscheidungs- und Investitionsprozeß ist eine Vorbereitungszeit der Abnehmer zu sehen. Dies ist sowohl auf den Entscheidungsprozeß wie auf den Investitionsprozeß von Auswirkung.

Letztlich bleibt festzustellen, daß der Interaktionsanssatz in einem Innovationsmarketing eine relativ hohe Bedeutung erhält. Der multiorganisationale Ansatz ist aus den gezeichneten Gründen am besten geeignet, die zwischen mehreren Organisationen stattfindenden Interaktionen zu beschreiben.

Im folgenden wird der Versuch unternommen, neue Inhalte eines Innovationsmarketing zu entwickeln. Dazu werden bereits verfügbare, empirisch gewonnene Untersuchungsergebnisse herangezogen. Angesichts der noch bestehenden Datendefizite kommt es dabei zu Überinterpretationen des vorhandenen Datenbestands. Darauf wurde bereits an anderer Stelle hingewiesen. Dies wird bewußt in Kauf genommen, weil ein richtungweisender Charakter des herangezogenen Datenmaterials unterstellt werden kann.

III. Kapitel

Marktforschung im Systemgeschäft

Nachdem im vorangegangenen Kapitel eine Beschreibung der Erweiterung wesentlicher Theorieelemente des Investitionsgütermarketing im Vordergrund stand, werden in den nachfolgenden Kapiteln die Wirkungen dieser technologieausgelösten Ergänzung auf den operationalen Theoriebestand diskutiert. Der praxisorientierten Sichtweise im Investitionsgütermarketing folgend, werden dabei die Ausführungen denjenigen Entscheidungsbereichen gewidmet, die für System-Hersteller bei der Erstellung ihrer Marketingkonzeptionen anstehen. Angesprochen sind damit die drei Bereiche Marktforschung, Marktsegmentierung (vgl. Kap. IV) und Marketing-Instrumentareinsatz (vgl. Kap. V und VI).

Am Beginn marketingpolitischer Aktivitäten steht die Informationsbeschaffung. Sie ist Grundlage für sichere Entscheidungen im Rahmen der Marktsegmentierung und des Marketing-Instrumentareinsatzes. Im folgenden wird aber auch deutlich, daß die hiermit angesprochene Marktforschung nicht nur am Anfang konzeptioneller Überlegungen eine tragende Rolle einnimmt. Gerade im Systemgeschäft ist es notwendig, ständig über einen breit angelegten Informationsfundus zu verfügen, der durch Aktualität dem schnellebigen technischen Entwicklungsprozeß Rechnung trägt. Nur so lassen sich zu jedem Zeitpunkt sichere Marketing-Entscheidungen treffen.

Inhaltlich wird sich dieser Informationsfundus nicht nur aus den klassischen Marktforschungsdaten zusammensetzen. Vielmehr ist sein Datenspektrum um Bereiche zu erweitern, die für das Systemgeschäft notwendig sind. Diese für die Marktforschung neuen Aufgabenbereiche gilt es zunächst zu beschreiben, um dann in einem weiteren Schritt Vorstellungen über die Integration dieser Aufgaben in eine systemadäquate Marktforschungskonzeption entwickeln zu können.

1. Erweiterung traditioneller Marktforschungsaufgaben

Was im Bereich des traditionellen Marketing nahezu als Selbstverständlichkeit anzusehen ist, gilt insbesondere auch für das Innovationsmarketing: Die Marktforschung ist Grundlage erfolgreicher Marketingaktivitäten des Unternehmens. Als wesentliche Teildisziplin des Marketing und als Mittel zur systematischen Informationsgewinnung (vgl. Hammann/Erichson 1978, S. 1 f. und grundlegend: Behrens 1974, S. 5 ff.) dient sie nicht nur in Unternehmen mit konventionellem Produktspektrum der Vorbereitung einer gezielten Marktbearbeitung. Zahlreiche Innovationsstudien und -schriften belegen die Notwendigkeit einer effizienten Marktforschung gerade auch für den Markterfolg neuer Produkte (vgl. beispielsweise: Cooper 1979, 1980; Duch 1985; More 1984; Robertson 1973; Rothwell, u.a. 1974).

Auch wenn diese Innovationsstudien bislang nicht auf die speziellen Anforderungen der Systemtechnik abstellen und nur selten in Empfehlungen für eine integrierte Vorgehensweise im Unternehmen münden, so läßt sich hier die hohe Bedeutung einer systematischen Marktforschung für das Geschäft mit innovativer Systemtechnik nur unterstreichen. In diesem Geschäftsbereich ist es für den einzelnen Marketing-Manager wichtig, über eine umfangreiche Informationsbasis zu verfügen, die, wie erwähnt, weit mehr Daten umfassen muß als im traditionellen Investitionsgütergeschäft üblich. Folgende Fragen sollten beispielsweise im Rahmen einer an den Erfordernissen des Systemgeschäfts orientierten Marktforschung geklärt werden (vgl. hierzu auch: Günter/Kleinaltenkamp 1987, S. 342 f. und S. 349; Kliche/Strothmann 1987, S. 91):

Wie läßt sich die Entwicklung neuer Technologien beobachten und wie läßt sich ihr Nutzenspektrum für die Innovationsaktivitäten der System-Hersteller rechtzeitig sichtbar machen?

– Wie können System-Hersteller neue Märkte identifizieren, die sich ihnen durch den Einsatz neuer Technologien in ihren Produkten eröffnen?

– Welche Wettbewerbsverhältnisse herrschen auf den neuen, nicht angestammten Märkten, und wie können sich die Wettbewerbsstrukturen auf diesen Märkten künftig verändern?

– Welche Unternehmen zeichnen sich durch eine besonders hohe Übernahmebereitschaft für innovative Systemtechnik aus?

– Wie sind die potentiellen Abnehmer-Unternehmen intern strukturiert, insbesondere welche Produktions-, Kommunikations- und Qualifikationsstrukturen liegen vor?

– Bestehen Akzeptanzbarrieren innerhalb der Abnehmer-Unternehmen, und welche Ursachen lassen sich hierfür erkennen?`

– Wie setzen sich die Innovations-Center in den potentiellen Abnehmer-Unternehmen zusammen, und wer nimmt die Rolle des Innovators ein?

– In welcher technischen Auslegung sind systemtechnische Innovationen zu realisieren, um ihren Einsatz in den Abnehmer-Unternehmen zu gewährleisten und somit ihre Durchsetzung am Markt zu sichern?

– Und nicht zuletzt: Welche Informationsquellen sind zu berücksichtigen, und welche Marktforschungsmethoden lassen sich anwenden, um die notwendigen Daten zu beschaffen?

Insgesamt ist bei diesen Fragen zu sehen, daß es nicht darauf ankommen kann, die Marktforschung hinsichtlich ihrer methodischen Stärke zu überfordern. Jedoch gilt es, eine Gesamtlösung anzudenken, die der Marktforschung ihren Stellenwert im Bereich des Systemmarketing zuweist.

Wesentliche Inhalte eines an der Systemtechnik orientierten Marktforschungsansatzes sind bereits mit dem vorstehenden Fragenkatalog angedeutet worden. Dabei wurden auch Fragen angesprochen, die die neuen Aufgabenbereiche der Marktforschung kennzeichnen. Marktforschung im Systemgeschäft beinhaltet nicht nur die auch in der traditionellen Markforschung übliche Gewinnung von Informationen über Märkte und Marktstrukturen, sondern es sind darüber hinausgehend in starkem Maße technologische Tatbestände und Entwicklungen sowie gesellschaftliche Sachverhalte und Wandlungen in die Informationssuche einzubeziehen. Die Notwendigkeit einer expliziten Berücksichtigung technologischer und gesellschaftlicher Aspekte im Systemgeschäft wird deutlich, wenn beispielsweise nur an den prägenden Einfluß neuer Technologien auf diesen Geschäftsbereich oder an die Wirkungen möglicher Akzeptanzbarrieren gedacht wird. Hierauf wird an späterer Stelle noch näher einzugehen sein.

Von Autoren der allgemeinen Marketingliteratur wird das hiermit charakterisierte informatorische Anliegen als Marktforschung im weiten Sinne bezeichnet (vgl. Becker 1983, S. 223) bzw. als Bestandteil einer globalen betrieblichen Umweltforschung verstanden (vgl. Bidlingmaier 1973, S. 70). Im Systemgeschäft erlangen technologische und gesellschaftliche Informationsbereiche eine tragende Bedeutung. Sie gehören zur notwendigen Informationsbasis eines System-Herstellers und sollten somit wesentliche Bestandteile einer Marktforschungskonzeption für Systeme sein.

Neben der hier zunächst nur skizzierten Bedeutung der technologie- und gesellschaftsorientierten Informationssuche gewinnt ein weiterer Informationsaspekt im Systemgeschäft an Wert: Marktforschung für Systeme bedeutet auch ein Mehr an individueller Kundenforschung (vgl. Günter/Kleinaltenkamp 1987, S. 349). Gerade in diesem Geschäftsbereich sind durch den funktionsbereichs-übergreifenden Einsatz systemtechnischer Innovationen starke strukturelle Wirkungen in den Abnehmer-Unternehmen zu verzeichnen, die eine intensive Auseinandersetzung mit der jeweiligen Kundensituation erforderlich werden lassen. Auch dieser Aspekt ist in den nachstehenden Überlegungen zu berücksichtigen.

Es wird zunächst gezeigt, welche Informationen in welchen Bereichen für das Geschäft mit innovativer Systemtechnik zu sammeln sind. Darüber hinaus sind diejenigen Informationsquellen und Marktforschungsmethoden zu benennen, die von System-Herstellern zur Erfüllung ihrer Informationsansprüche genutzt werden können. Ausgangspunkt der Darstellung bildet eine Betrachtung der für System-Hersteller grundlegenden Informationsfelder.

2. Informationsfelder für System-Hersteller

Eine wesentliche Aufgabe für System-Hersteller wird es sein, alle für ihren Geschäftsbereich relevanten Informationen in ihrer Gesamtheit strukturiert zu erfassen. Der folgenden Beschreibung dient eine Einordnung der relevanten Informationen in sechs Bereiche (vgl. Abb. 6):

Abb. 6: Informationsfelder für System-Hersteller

2.1 Technologische Informationen

Das marktliche Umfeld von System-Herstellern ist durch eine Vielzahl dynamischer Veränderungen gekennzeichnet, die letztlich ihre Wurzeln in der rasanten wirtschaftlichen Umsetzung neuer Technologien haben (vgl. hierzu auch: Sommerlatte 1986, S. 11 ff., Kliche/Tomczak 1988, S. 18 ff.). Noch immer kann die bereits auf breiter Ebene genutzte Technologie Mikroelektronik als Generator für Marktdynamik genannt werden. Ihre wirtschaftliche Anwendung hat zwar in raschen Innovationszyklen zu einer Fülle von

54

neuen Produkten und Verfahren geführt (vgl. Knetsch/Kliche 1986), jedoch scheint diese Entwicklung noch nicht abgeschlossen zu sein. Weiterhin eröffnet sie den Unternehmen Zutritt zu neuen Märkten.

Neben der Mikroelektronik lassen sich aber auch weitere Technologien nennen, die zu einer fortschreitenden Dynamisierung auf High-Tech-Märkten beitragen. Zu erwähnen sind Technologien wie die Glasfaser- oder Lasertechnologie, aber auch neue Eventual-technologien, wie beispielsweise die der Supraleiter, die bei ihrer Anwendung allen auf High-Tech-Märkten operierenden Unternehmen Möglichkeiten zur Generierung von Wettbewerbsvorteilen erschließen. Als Akteure auf technologieintensiven Märkten ist für System-Hersteller die optimale Nutzung neuer Technologien bestimmend für Erfolge in ihrem Geschäftsbereich. Die erfolgreiche Umsetzung neuer Technologien in Produkt- und Verfahrensinnovationen ist für die Erhaltung der Wettbewerbsfähigkeit der Unter-nehmen unerläßlich.

Vor dem Hintergrund dieser Technologiebestimmtheit im Systemgeschäft ist es für die Hersteller von nahezu existenzieller Bedeutung, über neueste Informationen der techno-logischen Trends in ihrem Bereich zu verfügen. Neben den von der traditionellen Markt-forschung her bekannten Analysen von Märkten und Marktstrukturen ist es im Systemge-schäft Aufgabe der betrieblichen Informationsbeschaffung, technologische Informatio-nen in hinreichendem Umfang bereitzustellen. Dabei müssen System-Hersteller nicht nur Aufschluß darüber erhalten, welche Technologien sich gegenwärtig insgesamt für ihren Geschäftsbereich nutzen lassen, sondern auch, welche aktuellen Trends sich am Horizont neuer Technologien abzeichnen, die unter Umständen auch von Einfluß auf die Entwick-lungsaktivitäten des Wettbewerbs sein können.

Im ganzen ist es für System-Hersteller von zentraler Bedeutung, Aufschluß über die für ihren Bereich in Frage kommenden neuesten Technologien zu erhalten. Hier sind Infor-mationen über die Erweiterung naturwissenschaftlich-technischen Wissens auf den rele-vanten Technologiesektoren zu sammeln. Gleichzeitig müssen dabei auch solche Infor-mationen schon frühzeitig verfügbar sein, die mögliche Substitutionstechnologien betref-fen. Dabei können häufig Forschungsergebnisse aus Nachbardisziplinen hohe Substituti-onsgefahren mit sich bringen (vgl. hierzu auch: Hagen, v./Baaken 1986, S. 287). Deshalb ist insbesondere vor einer einseitigen technologischen Informationssuche der Unterneh-men zu warnen.

Die Art der Marktforschung, die zur Gewinnung technologischer Informationen zu be-treiben ist, kann im Sinne einer strategischen Frühaufklärung interpretiert werden (vgl. zum Begriffsinhalt der Frühaufklärung: Ansoff 1976; Müller 1986). Wie erwähnt, sollten im Rahmen der Marktforschung Auskünfte darüber gegeben werden, welche grundsätzli-chen technologischen Möglichkeiten sich den einzelnen Unternehmen für ihre System-entwicklung offerieren und welche übergeordneten technologischen Trends bzw. Mega-trends für die Zukunft absehbar sind. Erkenntnisse und Informationen aus dem Bereich technologieorientierter Marktforschungsaktivitäten könnten die unternehmensinterne

Grundlagen- und Anwendungsforschung mit neuen Anregungen versehen und direkt in System-Entwicklungsprozesse eingesteuert werden. Grundsätzlich gilt es dabei, die Basis des technologischen Wissens im Unternehmen zu verbreitern.

Technologieorientierte Marktforschung wird in der Hauptsache qualitativer Natur sein. Die Information, die hier beispielsweise auf internationalen Kongressen sowie Messen (vgl. Strothmann 1987 c), aber auch aus der universitären Forschung und der Fachliteratur zu gewinnen sind, sollten systematisiert aufbereitet und auf ihre schwachen Signale hinsichtlich der technologischen Entwicklung abgetestet werden.

In einer empirischen Untersuchung, die das Institut für Markt- und Verbrauchsforschung der Freien Universität Berlin im Jahre 1988 durchführte, konnte belegt werden, daß von den Unternehmen der Investitionsgüterindustrie zur Technologie-Beobachtung in der Hauptsache Fachzeitschriften, Messen, Wettbewerbsbeobachtung und Kundengespräche als Informationsquellen genutzt werden (vgl. Strothmann u.a. 1988, S. 24). Diese üblichen und allgemein zugänglichen Informationsquellen werden in den Unternehmen aller Größenklassen gleichermaßen genutzt. Betrachtet man die Informationsquellen, die mit einigem Aufwand zu erschließen sind bzw. größere Aktivitäten voraussetzen, dann werden diese von den größeren Unternehmen deutlich mehr ausgewertet als von den kleineren und mittleren Unternehmen. Hierfür stehen exemplarisch Datenbankrecherchen, Patentrecherchen, Kontakte mit Universitäten/Hochschulen sowie Kontakte mit Großforschungseinrichtungen.

Neben diesen Informationsquellen können auch Gespräche mit Experten oder aber auch die in der wirtschaftlichen Praxis ohnehin geführten Fachdiskussionen wichtige Aufschlüsse bieten. Hier hat die technologiegerichtete Marktforschung bereits ex ante die Aufgabe, die Gesprächspartner aus dem eigenen Unternehmen für die relevanten Informationen zu sensibilisieren und die geführten Gespräche im nachhinein auszuwerten und zusammenzufassen.

Letztlich sind die bereits erwähnten Möglichkeiten der aus Datenbanken zu gewinnenden Informationen noch einmal zu betonen. Hier wird bereits ein breites Spektrum angeboten, wobei ein Stagnieren dieser Entwicklung für die Zukunft noch nicht erkennbar ist (vgl. bspw. Goldrian 1984, S. 84 ff.; Schnedlitz 1986, S. 52 ff.).

2.2 Informationen zur Systemauslegung

Als weiterer technischer Informationsbereich sind die Informationen zur Systemauslegung zu nennen. Ebenso wie die Hersteller konventioneller Produkte müssen auch System-Hersteller Aufschluß darüber haben, in welcher technischen Auslegung die Systeme und Systemkomponenten grundsätzlich zu realisieren sind. Ihre Erzeugnisse sollten auf einen klar abgegrenzten Markt hin zielgerichtet entwickelt werden, um somit letztlich ökonomische Fehlschläge der Forschungs- und Entwicklungsaktivitäten vermeiden zu können. Eine zielgerichtete Entwicklungsarbeit, die sich an den Anforderungen bzw Bedürfnissen der Abnehmer orientiert und somit dem Marketing-Grundgedanken einer Marktorientierung der Unternehmensaktivitäten entspricht, stellt überhaupt erst die Voraussetzung dar, wirtschaftlich erfolgreich arbeiten zu können.

Diese Forderung nach einer Marktorientierung der Forschungs- und Entwicklungstätigkeiten gilt, wie erwähnt, auch für System-Hersteller. Zwar konkretisieren sich die zum jeweiligen Abnehmer übergehenden Systeme frühestens in den späteren Phasen der Vorbereitungszeit (vgl. Kap. II, Abschnitt 4.2; Kap. V, Abschnitt 1), in der nahezu für jeden Abnehmer eine maßgeschneiderte Systemkonzeption zu entwerfen ist, jedoch müssen die Hersteller zur Entwicklung einer solchen Konzeption auch schon auf vorentwickelte Systembestandteile und -komponenten zurückgreifen können. Vorentwickelte Komponenten, die letztlich auch losgelöst vom Systemgeschäft am Markt angeboten werden können, stellen somit ein gewisses Rückgriffsreservoir für System-Hersteller dar, das unter Umständen durch Zukauf oder Absatzkooperationen ergänzt werden kann. Bei der Entwicklung eigener Systemkomponenten ist die oben beschriebene Marktorientierung unverzichtbar. Hier gilt es, sehr technisch orientierte Informationen verfügbar zu haben, um letztlich systemtechnische Innovationen an den Nutzenanforderungen der Abnehmerschaft ausrichten zu können. An einem Beispiel wird dieses technische Informationsanliegen deutlich:

Will beispielsweise ein System-Hersteller einen Montage-Roboter als Systemkomponente entwickeln und in sein Programm aufnehmen, so ist für ihn wichtig zu wissen, welche Anforderungen an die Positioniergenauigkeit bzw. an die Präzision bei der Montage an den Industrieroboter gestellt sind. Auch die Kraftanforderungen, die Anforderungen an den abzudeckenden Arbeitsraum sowie die Anforderungen an die Behutsamkeit bei der Montage sind Aspekte, die einen großen Teil der Entwicklungsarbeiten mitbestimmen. Dies wird deutlich, wenn beispielsweise nur die unterschiedlichen Ausprägungen dieser Anforderungen in verschiedenen für den Einsatz von Montage-Robotern in Frage kommenden Industriezweigen überdacht werden, wie beispielsweise die Kraftfahrzeugindustrie, die Datenverarbeitungs- und Unterhaltungselektronikindustrie und die Be- und Verarbeitungsmaschinen herstellende Industrie. Diese sich darauf beziehende sehr technisch orientierte Information gilt es aufzubereiten und gezielt in die Entwicklungsarbeiten einzusteuern.

Werden Systembestandteile und -komponenten zum Gegenstand einer abnehmerspezifischen Systemkonzeption, unterliegen sie häufig einer Re-Invention (vgl. Schmalen/ Pechtl 1989, S. 95). Diese Re-Invention, die auf eine gewisse Applikationsanpassung an die unmittelbare Abnehmersituation abstellt, kann beispielsweise die Erweiterung bzw. Hinzufügung neuer Funktionen zur jeweiligen Systemkomponente beinhalten, aber auch die Softwareanpassung an die einzelnen Abnehmerbelange.

Neben der Neuentwicklung systemtechnischer Innovationen sind auch die Weiterentwicklungen an den Markterfordernissen auszurichten. Die technischen Informationen, die zu einer marktgerechten Weiterentwicklung zur Verfügung gestellt werden sollten, können dabei unter Umständen den gleichen Umfang aufweisen, wie den, der bei Neuentwicklungen erforderlich ist.

Von der Marktforschung ist in diesem Bereich im wesentlichen sicherzustellen, daß kundenorientierte Anhaltspunkte für die technische Systemauslegung gegeben werden. Dies gilt sowohl für die Entwicklung von Systemkomponenten, als auch für die Entwicklung von Systemkonzeptionen. Vorstellbar wäre, daß beispielsweise ein Team von Fachleuten in potentielle Abnehmer-Unternehmen geht, um genaue Aufschlüsse darüber zu erhalten, welche funktionalen Anforderungen an die Systembeschaffenheit gestellt werden (vgl. ähnlich: Hagen, v./Baaken 1986, S. 286). Zusammengefaßt und systematisiert könnten solche Informationen den Ingenieuren der Konstruktions- und Entwicklungsabteilung präzise Angaben unterstützend vermitteln.

Bei der Ausarbeitung und Bestimmung des zu erhebenden Datenmaterials sollten Mitarbeiter der Marktforschungsabteilung eng mit den Konstrukteuren und Entwicklern des eigenen Unternehmens zusammenarbeiten. Unter Umständen bietet es sich an, das untersuchende Team aus Mitarbeitern dieser beiden Bereiche zusammenzusetzen. Die Untersuchungen könnten bei Geschäftspartnern durchgeführt werden, die den Anbietern als innovativ bekannt sind.

2.3 Informationen über Märkte und Marktstrukturen

Der Informationsbereich Märkte und Marktstrukturen stellt ein weites Feld dar, das von den Unternehmen abzudecken ist. Ganz allgemein zählen zu diesem Bereich sicherlich auch Informationen über solche Märkte, wie beispielsweise den Kapitalmarkt und den Arbeitsmarkt. Richtet man das Augenmerk auf den Absatzmarkt der Unternehmen, so sind Angaben über Marktpotential, Marktvolumen, Marktanteile und Marktsegmente als wesentliche Informationen einzustufen.

Gerade der letztere Bereich, in dem es um Angaben zur Bildung von Marktsegmenten geht, ist für System-Hersteller eine wichtige Informationskategorie. Ziel bei der Einführung technischer Innovationen in den Markt ist es, möglichst jene Abnehmer herauszukristallisieren, die als Frühadopter für die Aufnahme eines neuen Produkts in Frage kommen (vgl. Steffenhagen 1975, S. 116); dies gilt auch für systemtechnische Innovationen. Über diese Frühadopter wären spezielle Informationen zu eruieren, wie beispielsweise nach außen hin erkennbare Charakteristika dieser Unternehmen.

Eine Möglichkeit, diese Frühadopter aus dem Gesamtmarkt abzugrenzen, stellt die in diesem Buch vorgestellte Marktsegmentierung nach der HIP-, MIP-, NIP-Unternehmens-Typologie dar (vgl. Kap. IV, Abschnitt 3).

Um erfolgreich die als Frühadoptoren zu bezeichnenden HIP-Unternehmen aus dem Gesamtmarkt abgrenzen zu können, werden beispielsweise Informationen über das Vorhandensein einer Corporate Identity, die Häufigkeit der Messebeschickung oder die Intensität der Pressearbeit und Außendarstellung wichtig (vgl. hierzu näher auch: Kap. IV, Abschnitt 3.1). Um dieses Informationsanliegen auf einem durchführbaren Niveau zu halten, ist eine vorherige Eingrenzung auf klar definierte Industriezweige bzw. Branchen angezeigt.

Neben der Erkennung adoptionsfreundlicher Unternehmen ist es für die Hersteller der Systemtechnik jedoch auch von mittel- und langfristigem Interesse, wie sich die Diffusion ihrer Erzeugnisse im Markt vollzieht. Dabei ist für sie nicht nur wichtig zu wissen, wie viele Unternehmen insgesamt angebotene Systemtechnik adoptiert haben, sondern auch, wie sich der innerbetriebliche Einsatzstand von Systemtechnik in den Abnehmer-Unternehmen, d.h. die innerbetriebliche Diffusion darstellt (vgl. hierzu: Bock 1987; Schmalen/Pechtl 1989, S. 94). In diesem Zusammenhang kann auch vom jeweiligen Implementierungsgrad gesprochen werden.

Im Bereich der zu erfassenden kumulierten Adoptionshandlungen über alle Abnehmer-Unternehmen hinweg ist zu beobachten, ob die Marktdurchdringung im gewünschten Maß erfolgt. Zeichnet sich beispielsweise das Abflachen einer idealtypisch S-förmig verlaufenden Diffusionskurve ab, so werden nicht nur Informationen über diesen eintretenden Sachverhalt notwendig, sondern darüber hinausgreifend auch Informationen, die den Grund für den gestörten Diffusionsverlauf wiedergeben.

Diese Angaben, die letztlich auf eine Beobachtung des Diffusionsverlaufs eigener Systeme und Systembestandteile abstellen, wären um Informationen zu ergänzen, die eine Positionsbestimmung des System-Herstellers im Wettbewerb erlauben. Hierzu zählen die bereits eingangs erwähnten Angaben über Marktpotentiale, Marktvolumina und Marktanteile.

Eine weitere wichtige Größe zur Beurteilung des Marktgeschehens bildet die Konkurrenzanalyse (vgl. Böhler 1988, S. 20 ff.). Vom Wettbewerb können Aktionen ausgehen, die die eigenen Marktanstrengungen empfindlich stören. Dabei ist auch mit dem Eintritt neuer, zumeist internationaler Konkurrenten in die eigenen angestammten Märkte zu rechnen, die mit Substitutionstechnologien in ihren Produkten aufwarten und somit den Erfolg der eigenen Produkte am Markt beeinflussen können. Zur Analyse dieser Wettbewerber werden in der Literatur Checklisten vorgegeben, die auf eine mehr oder weniger intensive Informationsgewinnung über Konkurrenten abstellen (vgl. beispielsweise: Porter 1984, S. 83 ff.). Einige Informationsanliegen seien hier genannt:

– Welche Konkurrenten existieren überhaupt?

– Wer sind die Abnehmer der Konkurrenten?

– Welchen Marktanteil besitzen die Konkurrenten?

– Wie sieht das Produktspektrum der Konkurrenz aus?

Als Quellen für Konkurrenzinformationen kommen Außendienstmitarbeiter, Wirtschaftspresse, Lieferanten und Abnehmer ebenso in Betracht wie Wirtschaftsstatistiken, Patent-
anmeldungen, Jahresberichte sowie Messen und Ausstellungen (vgl. Böhler 1988, S. 27).

Im Systemgeschäft ist es allerdings unzureichend, die Anstrengungen zur Informationsgewinnung auf die gegenwärtigen Märkte zu konzentrieren. Ebenso wie es bei der technologischen Informationssuche beispielsweise im Rahmen von Expertengesprächen angezeigt ist, schon frühzeitig über Erkenntnisse potentieller Entwicklungen zu verfügen
(vgl. Abschnitt 2.1 dieses Kapitels), ist es auch im Sektor der marktbezogenen Informationsbeschaffung notwendig, rechtzeitig Aufschluß über mögliche neue Märkte und
Marktsegmente zu haben. Vor dem Hintergrund des schnellebigen technischen Entwicklungsprozesses, der gegenwärtig den Unternehmen immer neue Möglichkeiten zur Er-
schließung von Märkten eröffnet, wird dieses Anliegen unmittelbar einleuchtend.

Mit den vorstehend aufgezeigten Informationskategorien wurden die für das Systemgeschäft wesentlichen Marktangaben behandelt. Dies schließt natürlich nicht aus, daß auch
darüber hinausgreifende Informationsbereiche für System-Hersteller relevant sind. Zu
verweisen ist hier insbesondere auf die Imageforschung, deren Ergebnisse das Ansehen
eines Herstellers und seiner Produkte am Markt widerspiegeln.

Die Art der Marktforschung, die zur Ermittlung von Marktinformationen für System-
Hersteller zu betreiben ist, unterscheidet sich im wesentlichen nicht von der Vorgehensweise im klassischen Investitionsgütergeschäft. Hier sind die Verfahren der sekundärsta-
tistischen Analyse und die Primärerhebung nach traditionellem Schema einsetzbar (vgl.
beispielsweise: Lantermann 1974, S. 733 ff.; Strothmann 1972, S. 787 ff.).

Für den Bereich der Prognose künftig möglicher Marktentwicklungen, der aus den dargelegten Gründen für System-Hersteller ebenfalls von zentraler Bedeutung ist, ist darauf zu
verweisen, daß Trendextrapolationen nur eine unzureichende Methode zur Vorhersage
sind. Technologieinduzierte Diskontinuitäten und Turbulenzen in der betrieblichen Umwelt lassen die Entscheidungsabstützung auf die auf Trendfortschreibung basierende
Vorhersage häufig zu einer Falle werden. Hier sind fortschrittliche Methoden wie beispielsweise die Szenariotechnik oder die Delphi-Methode gefragt.

Einen weiteren wichtigen Bereich marktbezogener Informationen stellen die Informationen über Abnehmer-Unternehmen dar. Die Bedeutung dieses Informationsbereichs für
System-Hersteller veranlaßt zu einer eigenständigen Beschreibung.

2.4 Informationen über Abnehmer-Unternehmen

Stärker als die Hersteller konventioneller Investitionsgüter müssen sich System-Hersteller über die Gegebenheiten in den jeweiligen Abnehmer-Unternehmen informieren. Diese bereits in den einführenden Worten dieses Kapitels erwähnte ausgeprägte Kundenorientierung ist in den Besonderheiten der Systemtechnik begründet. Zum einen gehen Systeme nicht als fertige Lösungen in die Abnehmer-Unternehmen über, zum anderen bewirkt der Einsatz der Systemtechnik im Abnehmer-Unternehmen strukturelle Veränderungen, die ihren Ursprung in dem funktionsbereichs-übergreifenden und zugleich unternehmens-integrierenden Charakter der Systemtechnik haben. Der Einsatz innovativer Systemtechnik beim Abnehmer verändert nicht nur Aufbau- und Ablauforganisation, er erfordert darüber hinaus in mehrfacher Weise neue Qualifikationen (vgl. Kliche/Pörner 1987, S. 237 ff.).

Dieser ganzheitliche Eingriff in die Unternehmensstrukturen bedingt spezifische Informationen über die Abnehmer, um letztlich die gesamte Systemkonzeption an den jeweiligen Abnehmerbelangen ausrichten zu können und eine reibungsfreie Transaktion mit einem zufriedenen System-Abnehmer zu ermöglichen. Zu den Informationskategorien, die diese Ausrichtung der Systemkonzeption ermöglichen sollten, zählen beispielsweise Angaben über die Organisations- und Qualifikationsstruktur.

Unter Berücksichtigung der Tatsache, daß ein unternehmens-integrierendes Gesamtsystem nicht in einem einzelnen Zeitpunkt zum Abnehmer übergeht, sondern vielmehr erst im Rahmen eines gestaffelten Investitionsprozesses beim Abnehmer entsteht (vgl. Kap. V, Abschnitt 2), ist es für die Hersteller auch notwendig zu wissen, wie sich im Zeitverlauf durch den Systemeinsatz die Organisations- und Qualifikationsstrukturen beim Abnehmer verändern. Eine enge Zusammenarbeit mit dem jeweiligen Transaktionspartner ist hier generell gefordert. Darüber hinaus bedingt der Sachverhalt eines gestaffelten Investitionsprozesses die Messung eines weiteren Kriteriums: die Zufriedenheit der System-Abnehmer. Nur wenn diese nach jedem einzelnen Investitionsschritt sichergestellt werden kann, ist auch die Basis für eine langfristige Geschäftsbeziehung und somit für den Absatz eines Gesamtsystems gelegt.

Neben diesen für die Ausrichtung der Systemkonzeption wichtigen Informationen sollten System-Hersteller auch über Kenntnisse verfügen, die sich auf eine zielgerichtete kommunikationspolitische Ansprache der potentiellen Abnehmer beziehen. Dieser dem eigentlichen System-Implementierungsprozeß vorgelagerte Bereich stellt auf Informationen über die Innovatoren in den Abnehmer-Unternehmen ab. Spezifische Angaben über diese Schlüsselpersonen sind von der Marktforschung bereitzustellen (vgl. zu den Merkmalen der Innovatoren: Kap. IV, Abschnitt 5.2).

Bei den hier behandelten kundenspezifischen Informationen darf der Bereich der User-Groups nicht ausgeklammert bleiben. Für die System-Hersteller ist es wichtig zu wissen, ob sich die Abnehmer in User-Groups organisieren. Gelingt einem Hersteller der Zutritt zu einer User-Group, so hat er sich damit eine Informationsquelle erschlossen, die für die Marktbeobachtung von Wert ist. Es kann angenommen werden, daß in den User-Groups mögliche Unzulänglichkeiten des Herstellers während des Vorbereitungs- oder Investitionsprozesses besprochen werden. Die systematische Aufnahme dieser Informationen kann zur Beseitigung von Defiziten beitragen (vgl. Kap. VI, Abschnitt 1).

Die Aktivitäten der Marktforschung zur Gewinnung der hier besprochenen kundenspezifischen Informationen werden sich auf folgende Bereiche konzentrieren müssen:

- Auswertung der vor und nach der System-Ersteinführung geführten Verhandlungen und Gespräche
- Enge Zusammenarbeit bei der Anfertigung eines Kundenprofils mit den Ingenieuren des eigenen Unternehmens
- Langfristige Beobachtung der System-Abnehmer

Neben den bisher besprochenen technischen und marktbezogenen Informationsbereichen verdient eine weitere Informationskategorie im Systemgeschäft Aufmerksamkeit. Für System-Hersteller sollten auch die Werthaltungen der System-Nutzer von Interesse sein, da diese von wesentlichem Einfluß auf einen reibungsfreien Systemeinsatz beim Abnehmer sein können. Dieser sozialen Komponente wird in den nachstehenden Ausführungen gesondert Aufmerksam gewidmet (vgl. Abschnitt 2.6 dieses Kapitels).

2.5 Gesellschaftliche Informationen

Es ist nicht Ziel der vorliegenden Ausführungen, eine grundsätzliche Stellungnahme zu dem gegenwärtig stattfindenden, insbesondere auch die System-Hersteller betreffenden Wertewandel in der Gesellschaft vorzunehmen (vgl. hierzu ausführlicher: Kap. VII). Von System-Herstellern ist jedoch zu erkennen, daß sich ihre Absatzbestrebungen vor dem Hintergrund einer gesellschaftlichen Wertedynamik vollziehen. Parallel zu den über die letzten Jahre hinweg festzustellenden Wertänderungen in der Gesellschaft im Sinne wachsender Sensitivität, vor allem hinsichtlich technologischer und ökologischer Fragestellungen, stehen Unternehmen allgemein zunehmend im Mittelpunkt öffentlichen Interesses.

Für System-Hersteller ist es wesentlich, diese Entwicklungen zu antizipieren und in ihr Aktionsprogramm einfließen zu lassen. Konkret bedeutet dies, daß zunächst einmal eine ständige Bereitschaft zur Aufnahme von Informationen über geänderte allgemeingesellschaftliche Werte existieren muß, um in der Konsequenz eine menschengerechte und somit zugleich den gesellschaftlichen Ansprüchen entsprechende Ausgestaltung der

Systemtechnik zu ermöglichen. Nur eine an diesen Anforderungen ausgerichtete Technik kann sich auch langfristig am Markt durchsetzen.

Die Aufnahme gesellschaftlicher Informationen kann nur gelingen, wenn in den Unternehmen ein allgemeinpolitisches und gesellschaftliches Verständnis sowie Interesse etabliert wird. Dies ist sicherlich ein Anspruch, der weit über das Informationsanliegen der traditionellen Marktforschung hinausgeht, dem aber zugleich hohe Aufmerksamkeit zu widmen ist.

Die hier getroffenen Aussagen für den Bereich allgemeingesellschaftlicher Informationen sind zwangsläufig weit gesteckt. Sie konkretisieren sich im folgenden Abschnitt, in dem die aus dem gesellschaftlichen Wertewandel resultierenden Werthaltungen der System-Nutzer besprochen werden.

2.6 Informationen über Werte und Werthaltungen der System-Nutzer

Akzeptanzverhalten, Partizipations- und Autonomieanspruch sind Schlagworte, die mögliche Werte und Werthaltungen von System-Nutzern widerspiegeln. Damit System-Implementierungsprozesse im Abnehmer-Unternehmen zum Erfolg werden, sind genaue Aufschlüsse darüber erforderlich, welche Werthaltungen die System-Nutzer einnehmen. So bestimmen beispielsweise Tendenzen zu einem Mehr an Selbstverwirklichung und Autonomie konzeptionelle Überlegungen, wie die Einrichtung teilautonomer Arbeitsgruppen oder den Abbau hochgradiger Arbeitsteilung. Vor dem Hintergrund der in der Systemtechnik liegenden Möglichkeiten sind dies keine unlösbaren Aufgaben.

Die Aufgaben der Marktforschung bestehen nun darin, die Bedürfnisse der System-Nutzer zu erheben und die Informationen zur Einbettung in die Systemkonzeption bereitzustellen. Auch gilt es, eine Analyse der Arbeitssituation der System-Nutzer vorzunehmen (vgl. beispielsweise: Staehle 1977). Die Informationsgewinnung kann beispielsweise in denjenigen Gremien geschehen, die sich mit der Systemeinführung auseinandersetzen oder auch direkt am einzelnen Arbeitsplatz. Bei der Informationsgewinnung in Gremien ist darauf zu achten, daß die System-Nutzer an diesen partizipieren.

Der hiermit aufgeworfene Anspruch einer vom System-Hersteller durchzuführenden Informationssuche im gesellschaftlich-sozialen Rahmen wird weitere Forschungsbemühungen beanspruchen. Grundsätzlich gilt es jedoch für System-Hersteller, die Bedeutung dieser Informationskategorie zu erkennen.

3 Informationsintegration in Entscheidungssituationen

In den vorstehenden Ausführungen wurden Informationsbereiche beschrieben, die dem umfassenden Anspruch im Systemgeschäft Rechnung tragen. Aus praktischer Sicht sollten die Informationen der jeweiligen Bereiche von der Marktforschung in Form von einzelnen Berichten zusammengestellt werden. In Entscheidungssituationen können sie dann vom jeweiligen Marketing-Fachmann je nach Aufgabenstellung herangezogen werden.

Dabei wird es kennzeichnend für viele Entscheidungssituationen in der Praxis sein, daß mehrere Informationsbereiche zur Entscheidungsabstützung genutzt werden müssen und somit ein gewisser Überlappungseffekt eintritt. Denkt man beispielsweise an die komplexe Entscheidungssituation bei der Neuentwicklung von Systemkomponenten, so werden hier Daten aus nahezu allen Informationsbereichen benötigt.

Wichtig ist, daß der Marketing-Manager in den unterschiedlichsten Entscheidungssituationen auf einen umfangreichen Informationsfundus zurückgreifen kann. Dabei ist nicht nur Breite und Tiefe des Informationsangebotes von Bedeutung, sondern auch die Beachtung des folgenden Aspekts:

Marktforschung wird in der unternehmerischen Praxis bislang allzuoft nur projektartig betrieben, d.h. wurde einmal eine Untersuchung beispielsweise über die Stellung eines Produktes am Markt durchgeführt, so muß diese Informationsbasis oft über lange Zeiträume hinweg für die Gestaltung unternehmerischer Marketingentscheidungen dienen. Vor dem Hintergrund der Systemtechnik und des rasch verlaufenden technischen Entwicklungsprozesses läßt sich eine solche Vorgehensweise allerdings nicht mehr aufrechterhalten. Vielmehr sind die Unternehmen infolge der ständig möglichen technischen Weiterentwicklungen und aufgrund der Langfristigkeit systemtechnischer Implementierungsprozesse herausgefordert, Marktforschung in einem eher permanenten Prozeß zu betreiben, um bei Vorlage entsprechender Ergebnisse frühzeitig handeln können. Die Aktualität der Informationsbasis ist für System-Hersteller entscheidend.

IV. Kapitel

Systemtechnik und Marktsegmentierung

Grundlage eines effizienten und erfolgreichen Marketing ist die Marktsegmentierung. Stehen für Unternehmen mit klassischem Produktspektrum bereits zahlreiche Segmentierungsansätze zur Verfügung, so können Anbieter, die auf technologieintensiven Märkten agieren, bislang nur begrenzt auf praktikable Segmentierungsmodelle zurückgreifen.

Dieses Kapitel widmet sich dieser Thematik. Aufbauend auf einer kritischen Reflexion traditioneller Marktsegmentierungsansätze wird zunächst eine am Innovationsverhalten orientierte Unternehmens-Typologie vorgestellt, die Segmentierungsmöglichkeiten für System-Anbieter eröffnet. Im folgenden kommt es dann mit der Beschreibung des „Innovatoren"-Modells zur Darstellung eines Segmentierungsansatzes auf der Ebene der am Einkaufsentscheid beteiligten Personen. Die Überlegungen münden in ein zweistufiges Segmentierungskonzept, in dem das Innovatoren-Modell und die Unternehmens-Typologie integriert sind.

1. Die klassischen Segmentierungsansätze

In der Diskussion um ein systemadäquates Marketing ist die Marktsegmentierung bisher nur am Rande behandelt worden. Als Basisstrategie für ein zielgerichtetes und effizientes Marketing hat sie im Bereich der Vermarktung konventioneller Produkte hohe Bedeutung erlangt und ist letztlich als Inbegriff eines modernen Marketing zu verstehen (vgl. Wind 1978). Hinterfragt werden muß allerdings, ob die bislang entworfenen Marktsegmentierungsansätze und die in diesen Ansätzen empfohlenen Segmentierungskriterien auch noch beim Absatz innovativer Systeme wirkungsvoll einzusetzen sind und somit zur Grundlage der Marketingplanung gemacht werden können. Jüngste Forschungsergebnisse weisen in diesem Zusammenhang darauf hin, daß durchaus neue Kriterien der Marktsegmentierung denkbar sind, die dem Marketing-Fachmann Entscheidungshilfen beim Operieren auf innovativen Geschäftsfeldern bieten können. Eine Erweiterung der bisherigen Marktsegmentierungslehre zeichnet sich ab.

Zunächst sollen jedoch die bislang angewandten Segmentierungsmethoden in das Bewußtsein gerufen werden. Die traditionelle Bedeutung der Marktsegmentierung spiegelt sich in einer Reihe von Aspekten wider: Aus allgemeiner Sicht kann zunächst festgehalten werden, daß die Segmentierung die Transparenz des Marktes erhöht (vgl. Meffert 1986, S. 243), und so das Erkennen echter Markt- und Marketingchancen ermöglicht wird (vgl. Kotler 1984, S. 275 f.). Durch die Anwendung der Marktsegmentierung soll die heterogene Struktur der Abnehmer aufgelöst werden, d. h. der Markt eines Unternehmens ist auf analytischem Wege in einzelne Bereiche zu zerlegen, um ihn somit aufzubereiten. Grundsätzlich ist es Ziel der Marktsegmentierung, den Gesamtmarkt in Teilmärkte bzw. Abnehmersegmente zu zerlegen. Allgemeingültig führt Meffert beispielsweise aus, daß man unter Marktsegmentierung „die Aufteilung des Gesamtmarktes in homogene Käufergruppen bzw. -segmente" versteht (Meffert 1986, S. 243).

Im Investitionsgüterbereich erfährt der wesentliche Definitionsbestandteil „homogen" eine an dem Verhalten der industriellen Abnehmer ausgerichtete Interpretation. So sind beispielsweise Abnehmergruppen dann als homogen zu bezeichnen, wenn sie gleichgerichteter als der Gesamtmarkt auf die Marketingaktivitäten eines Anbieters reagieren (vgl. Engelhardt/Günter 1981, S. 87, vgl. auch: Backhaus 1982, S. 76). Ziel der Segmentierung im Investitionsgüterbereich ist es dabei, eine auf diese gleichgerichtet reagierenden Gruppen abgestimmte und differenzierte Ausrichtung der Marketingaktivitäten zu ermöglichen. Hierbei ist insbesondere an einen effizienten und zielgerichteten Einsatz kommunikationspolitischer Marketinginstrumente zu denken, die mit ihren Inhalten die unterschiedlich reagierenden Abnehmergruppen berücksichtigen. Die abgegrenzten Segmente sollen somit als Zielmärkte mit einem nach Kundengruppen differenzierten Marketingprogramm erreicht werden (vgl. Gröne 1977, S. 31).

Obwohl die Segmentierung im Investitionsgüterbereich noch nicht in der Verbreitung angewendet wird, wie es im Konsumgüterbereich der Fall ist (vgl. beispielsweise Köhler/ Uebele 1983, S. 8), liegen in der Fachliteratur bereits praktikable Ansätze vor, die dem Marketing-Fachmann Anregungen für eine gezielte Aufteilung seiner Märkte geben können. Grundsätzlich lassen sich diese für traditionelle Märkte entworfenen Segmentierungsansätze in zwei Kategorien aufteilen (vgl. Backhaus 1982, S. 80):

– *Mehrstufige Segmentierungsansätze:*
  Diese Modelle heben auf eine möglichst vollständige und sehr umfassende Segmentierung des Marktes ab.
– *Einstufige Segmentierungsansätze:*
  Sie konzentrieren sich auf Segmentierungsvorschläge, die problembezogen eine möglichst kostengünstige und effiziente Aufteilung des Gesamtmarktes ermöglichen sollen.

Nachfolgend werden illustrativ beide Segmentierungsmöglichkeiten vorgestellt und anschließend im Hinblick auf ihre Anwendbarkeit für die Segmentierung von High-Tech-Märkten geprüft.

Mehrstufige Segmentierungsansätze

Die beiden US-Amerikaner Wind und Cardozo haben im Jahre 1974 einen Marktsegmentierungsansatz vorgestellt, der als das Grundmodell mehrstufiger Marktsegmentierungskonzeptionen anzusehen ist (vgl. Wind/Cardozo 1974, S. 153 ff.; Backhaus 1982, S. 80) und als eine Fortführung des von Frank, Massy und Wind 1972 vorgeschlagenen Modells betrachtet werden kann (vgl. Frank/Massy/Wind 1972, S. 92). In ihrem Ansatz empfehlen Wind und Cardozo ein systematisches, zweistufiges Vorgehen bei der Segmentierung, wobei die erste Stufe die Makrosegmentierung bildet.

Auf der Stufe der *Makrosegmentierung* wird eine Abgrenzung von Unternehmen mit Hilfe organisationsbezogener Kriterien wie Unternehmensgröße, Branchenzugehörigkeit, Standort, Organisationsstruktur etc. vorgeschlagen, um somit einen Überblick über die potentiellen Kundengruppen zu erhalten und eine gezielte Auswahl und Ansteuerung zu ermöglichen (vgl. Wind/Cardozo 1974, S. 155 f.). Die aufgelisteten Kriterien können dabei einzeln oder in Kombination verwendet werden. Sollten sich unter Anwendung dieser organisationsbezogenen Kriterien schon Abnehmergruppen (Makrosegmente) mit gleich ausgeprägten Reaktionen auf die Marketing-Stimuli des Anbieters abgrenzen lassen, so raten Wind und Cardozo, nach dieser ersten Stufe die Segmentierung abzubrechen und ausgewählte Segmente als Zielsegmente zu verwenden (vgl. Abbildung 7).

Der Übergang zur Stufe der *Mikrosegmentierung* soll dementsprechend in den Fällen vorgenommen werden, in denen keine unterschiedlichen Reaktionen auf die Marketingaktivitäten des Anbieters zu verzeichnen sind. Dabei kommt das Spezifikum dieses Ansatzes dadurch zum Ausdruck, daß innerhalb der akzeptierten Makrosegmente eine weiter- bzw. tiefergehende Aufteilung der Abnehmer in Mikrosegmente erfolgen soll (vgl. Wind/Cardozo 1974, S. 156).

Die zur Abgrenzung der Mikrosegmente vorgeschlagenen Kriterien konzentrieren sich auf Merkmale der am Einkaufsentscheid beteiligten Personen, wie Stellung in der Hierarchie der Unternehmung, persönliche Charakteristika etc. (vgl. Abbildung 7). Wind und Cardozo erheben in ihren Ausführungen nicht den Anspruch auf eine vollständige Nennung der möglichen Segmentierungskriterien; sie betonen vielmehr, daß der Marketing-Fachmann, je nach Aufgabenstellung, aus einer Fülle denkbarer Kriterien auswählen soll (vgl. Wind/Cardozo 1974, S. 158).

Letztlich müssen aus der Vielzahl möglicher Kriterien diejenigen herangezogen werden, die im jeweiligen Einzelfall eine zweckmäßige Segmentierung ermöglichen (vgl. Hammann 1985, S. 01/09). Die inhaltlich, datentechnische Ausgestaltung erfährt das jeweilige Segmentierungskriterium durch Daten der Marktforschung. Wird beispielsweise das Kriterium Unternehmensgröße zur Aufteilung der Abnehmer herangezogen, so sind mit Hilfe der Marktforschung diejenigen Daten bereitzustellen, die eine Zerlegung der Abnehmerschaft in Betriebsgrößenklassen zulassen (z. B. Beschäftigtenzahlen, Umsatzangaben).

Nach einer erfolgten Segmentierung, die die Stufen der Makro- und Mikrosegmentierung durchlaufen hat, ist das vollständige Profil der Segmente unter Verwendung der organisatorischen Merkmale und der Merkmale der Entscheidungsträger zu erstellen. Eine auf diese Weise durchgeführte Segmentbildung und -beschreibung gibt dann Aufschluß für einen gezielten Einsatz der einzelnen Marketinginstrumente.

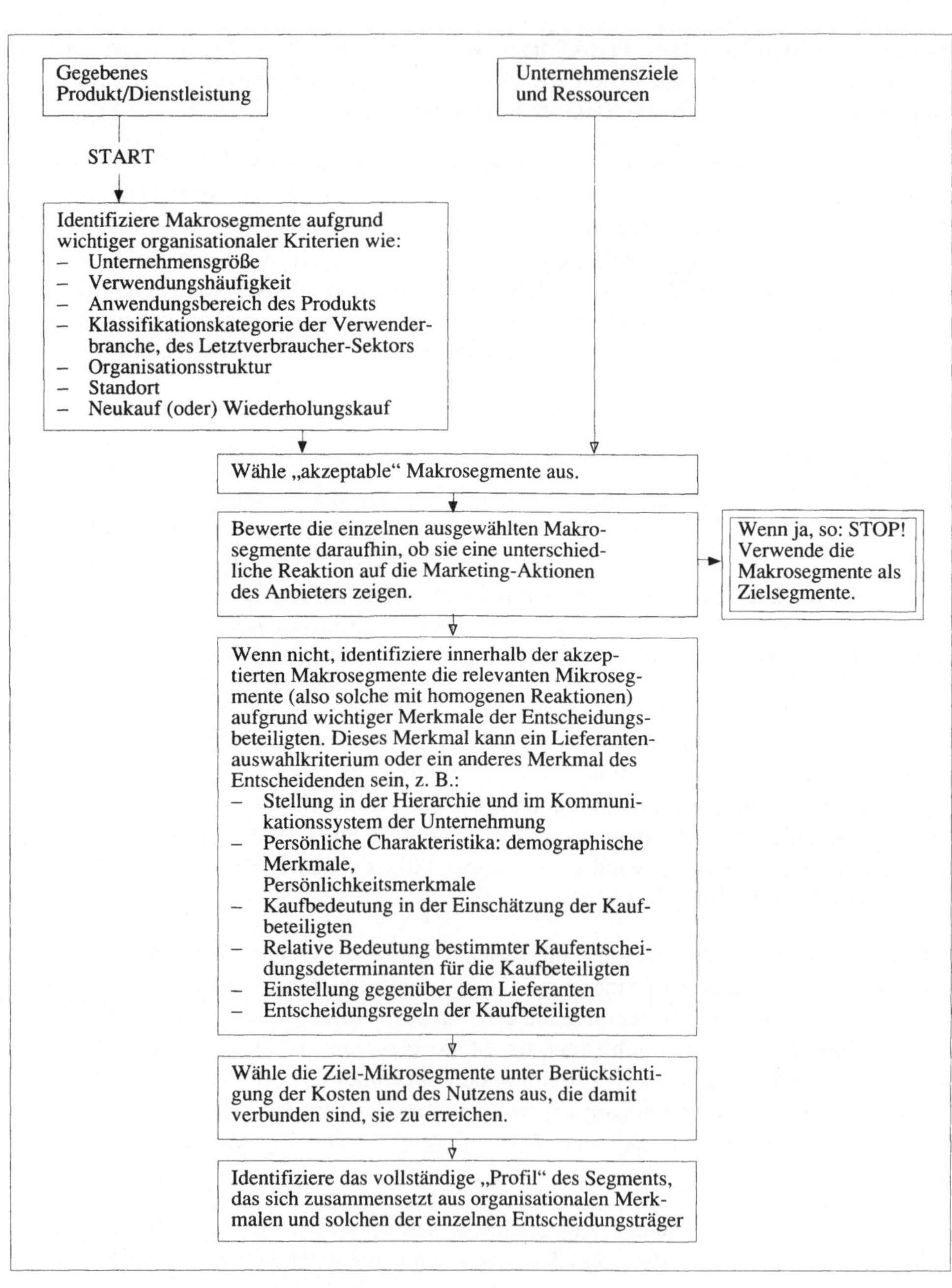

Abb. 7: Zweistufige Marktsegmentierung nach Wind und Cardozo (1974, S. 156; Übersetzung von: Engelhardt/Günter 1981, S. 91)

Ähnlich wie in dem von Wind und Cardozo konzipierten Marktsegmentierungsmodell wird auch in den von Gröne und Scheuch aufgezeigten Ansätzen eine Segmentierung auf mehreren Stufen vorgeschlagen. Gröne und Scheuch unterscheiden dabei zwischen drei Ebenen, auf denen eine Aufteilung der Abnehmer möglich ist (vgl. Gröne 1977 und Scheuch 1975).

Die Marktsegmentierungskriterien nach Gröne sind nachfolgend zusammengestellt (vgl. Tabelle 2). Die Kriterien der ersten Ebene (O-Ebene) beziehen sich dabei auf organisationale Merkmale, auf der zweiten Ebene (K- bzw. Kollektiv-Ebene) werden Merkmale von Beschaffungsgremien oder Buying Centers (BC) genannt, und auf der dritten Ebene (I-Ebene) faßt Gröne Merkmale der am Einkaufsentscheid beteiligten Individuen zusammen.

Tabelle 2: Segmentierungskriterien nach Gröne (1977, S. 36)

O-Ebene	K-Ebene	I-Ebene

– Branche
– Unternehmensgröße
– Zentralisation bzw. Dezentralisierung des Einkaufs
– Aufgabenbereich der Einkaufsabteilung
– Vorauswahl von Anbietern
– Bewertungsverfahren
– Einsatz von EDV
	– Größe des BC
	– Zusammensetzung des BC
	– interpersonelle Beziehungen
	  – Rollenstruktur
	  – Machtstruktur
	  – instrumentales und sozio-emotionales Verhalten
		– Informationsgewinnungs-verhalten
		– Motivation
		– Einstellung und Image
		– Persönlichkeit

Einstufige Segmentierungsansätze

Bei den einstufigen Marktsegmentierungsmodellen wird nur auf einer Ebene abgegrenzt. In einem Ansatz, der auf der Makroebene anzusiedeln ist, weist Spekman beispielsweise Segmentierungsmöglichkeiten der einzelnen Unternehmen nach ihrem Organisationstyp nach (vgl. Spekman 1981, S. 43 ff.). Dabei schlägt er eine Aufteilung der Unternehmen in Staatliche Organisationen, Privatunternehmen und Nichtkommerzielle Unternehmen vor, da sich nach seinen Untersuchungen die Einkaufs-Manager dieser drei Untersuchungsgruppen durch ein unterschiedliches Kaufverhalten auszeichnen. Der Organisationstyp der Unternehmen gilt bei Spekman als ein leicht wahrnehmbarer Filter, der schon auf der Makroebene eine gezielt ausgerichtete Kommunikationspolitik zuläßt. Jedoch konzediert er, daß Segmentierungen auf der Mikroebene zu genaueren Aufschlüssen über eine gezielte kommunikationspolitische Ansprache der Abnehmer führen können.

Zu den einstufigen Ansätzen, die Vorschläge für eine Segmentierung auf der Mikroebene unterbreiten, läßt sich beispielsweise das Modell von Wilson zählen. Er demonstrierte bereits frühzeitig Segmentierungsmöglichkeiten nach dem Entscheidungsstil der jeweiligen einkaufsentscheidenden Fachleute (vgl. Wilson 1971, S. 433 ff.). Dabei grenzte er zwischen dem normativen, dem konservativen und dem wechselnden Entscheidungsstil-Typus ab, die jeweilig durch eine speziell ausgerichtete Kommunikationspolitik angesprochen werden können.

Andere einstufige Segmentierungsansätze auf Mikroebene beziehen sich beispielsweise auf eine Aufteilung der Abnehmer nach ihrem jeweilig empfundenen Kaufrisiko (vgl. Håkansson/Johanson/Wootz 1976, S. 319 ff.) oder nach ihren unterschiedlichen Entscheidungs- und Informationsstilen in Beschaffungsprozessen (vgl. Strothmann 1979, S. 90 ff.). Die besondere Bedeutung dieser einstufigen Ansätze ist in ihrer Operationalisierbarkeit begründet, da sie sich zumeist auf leicht beobachtbare Kriterien beziehen.

Neben den hier beispielhaft dargestellten einstufigen und mehrstufigen Marktsegmentierungsansätzen existiert eine umfangreiche Literatur, die sich im wesentlichen auf den Nachweis weiterer Segmentierungskriterien bezieht (vgl. zu einem Überblick beispielsweise: Chéron/Kleinschmidt 1985; Plank 1985). Gemeinsam ist nahezu allen Segmentierungsmodellen im Investitionsgüterbereich die Orientierung am industriellen Kauf- und Entscheidungsverhalten. Wie bereits erwähnt, sollen Segmente gebildet werden, in denen hinsichtlich des Kauf- und Entscheidungverhaltens gleichgerichtete Strukturen vorherrschen, die somit effiziente und zielgerichtete Marketingaktivitäten zulassen. Dabei ermöglicht

– die Segmentierung auf Makroebene eine Charakterisierung potentieller Kundengruppen und somit klare Marktauswahlentscheidungen sowie eine segmentgerichtete Marketing-Ansteuerung (vgl. Engelhardt/Günter 1981, S. 90), und

– die Segmentierung im Mikrobereich, der sich insbesondere auch die einstufigen Ansätze widmen, eine sehr gezielte kommunikationspolitische Einflußnahme auf die einzelnen Entscheider und -gruppen.

Darüber hinaus lassen sich auch Segmentierungsmodelle nennen, die neben einer Orientierung am industriellen Kauf- und Entscheidungsverhalten auch an den Bedürfnisstrukturen innerhalb der jeweiligen Makrosegmente anknüpfen, um damit eine zielgerichtete Produkt- und Entwicklungspolitik zu gewährleisten (vgl. Kliche 1985; Hlavacek/Reddy 1986). Auch diese Ansätze sind Gegenstand der weiteren Überlegungen.

Es bleibt zu diskutieren, inwieweit die vorgestellten Segmentierungsmodelle für technologieintensive Märkte geeignet sind, und durch welche neuen Möglichkeiten sie sich ergänzen lassen, um auch für System-Anbieter die notwendige Markttransparenz zu schaffen.

2. Grenzen traditioneller Segmentierungsansätze

Grundsätzlich läßt sich zunächst festhalten, daß die beschriebenen Segmentierungsmodelle nicht in Ausrichtung auf die spezifischen Belange eines Innovationsmarketing konzipiert wurden. Vielmehr handelt es sich um Ansätze, die sich inhaltlich an den Anforderungen eines konventionellen Investitionsgütermarketing orientieren. Zwar stellen insbesondere die mehrstufigen Segmentierungsansätze Konzeptionen dar, die auch den Anbietern von Systemtechnik eine wichtige Richtschnur für die sukzessive Aufteilung ihrer Märkte vorgeben, jedoch lassen die dabei vorgeschlagenen Kriterien nur eine Segmentierung mit begrenzter Aussagefähigkeit zu.

So können beispielsweise Unternehmen mit klassischem Produktspektrum unter Anwendung der Makrokriterien Branche und Betriebsgröße eine sinnvolle Klassifizierung der Abnehmer vornehmen; für High-Tech-Anbieter jedoch, die ihre Geschäftsaktivitäten auf technologieintensiven Märkten haben, ist mit einer solchen Segmentierung im Makrobereich eine zu geringe Aussagekraft verbunden. Interessant ist ja gerade für solche Unternehmen, genaue Aufschlüsse darüber zu erhalten, in welchen Bereichen des Marktes die wirklichen Potentiale für den Absatz technischer Innovationen liegen und durch welche Charakteristika die potentielle Abnehmerschaft von Systemtechnik gekennzeichnet ist. Eine Abgrenzung der Makrosegmente nach den Kriterien Branche und Unternehmensgröße wäre hierfür zu grob.

Im Bereich der Mikrosegmentierung, der nach Gröne die Kriterien der K- und I-Ebene umfaßt, sind ebenfalls neue Segmentierungsmöglichkeiten zu fordern. Hier käme es darauf an, Identifikationsmuster für die Abgrenzung derjenigen Personen zu entwickeln, die Innovationen auf der Abnehmerseite in besonderem Maße durchsetzen. Eine gezielte kommunikationspolitische Ansprache dieser Innovatoren und ihrer Interessenvertreter könnte somit System-Anbietern ermöglicht werden.

Einen frühen Ansatz für diesen Bereich stellt das seit längerem bekannte Promotorenmodell von Witte dar (vgl. Witte 1973, S. 14 ff.), das jedoch auf die spezifischen Segmentierungsbelange heutiger High-Tech-Anbieter noch nicht zugeschnitten war (vgl. SEL-Stiftung 1987, S. 65 ff.). Mit einer neuen, vom Spiegel-Verlag publizierten Innovatoren-Studie liegen aber auch für den Mikrobereich systemadäquate Erkenntnisse vor, die eine Identifizierung von Innovatoren ermöglichen (vgl. Spiegel-Verlag 1988).

Der Schwerpunkt der folgenden Ausführungen liegt zunächst auf der Makrosegmentierung. Es wird eine Unternehmens-Typologie vorgestellt, die System-Anbietern Sektoren für gezielte Geschäftsaktivitäten aufzeigen kann. Darüber hinaus wird gezeigt, in welcher Form die Abgrenzung der später zu beschreibenden Innovatoren in dieses Segmentierungsmodell eingegliedert werden kann.

3. HIP-MIP-NIP-Typologie – Segmentierungsmöglichkeit für Anbieter von Systemtechnik

Unter der hier vorliegenden Fragestellung, ob die bislang verwendeten Segmentierungskriterien noch einen hinreichenden Aussagewert für System-Anbieter haben, wurde im Rahmen zweier empirischer Studien zu klären versucht, in welchen Merkmalen sich hochinnovative Unternehmen von weniger innovativen unterscheiden (vgl. Strothmann u. a. 1987 b; Strothmann u. a. 1988). Dies sollte einerseits zur Präzisierung von Einstiegssegmenten für den Absatz innovativer Systeme und Anlagen führen, aber auch zum Nachweis von Marktpotentialen, die in der Folge mit Systemtechnik beliefert werden können. Es kam in diesem Zusammenhang darauf an, mit einer qualitativ orientierten Erhebung Aussagen über die Beschaffenheit von Unternehmen des einen oder anderen Typs zu gewinnen. Die dabei erkannten Merkmale sollten als systemadäquate Kriterien in die Marktsegmentierung des Innovationsmarketing eingeführt werden.

Betont sei an dieser Stelle noch einmal, daß damit nur die erste Ebene bzw. die Makrosegmentierung angesprochen ist, in der es um die Charakterisierung von Unternehmen geht. Die Ebene der Mikrosegmentierung, auf der die Präzisierung von Persönlichkeitsmerkmalen der Innovatoren erfolgt, bleibt damit zunächst unberührt.

3.1 Unternehmens-Typologie

Im Rahmen der beiden oben erwähnten Studien, die jeweils nahezu 500 auswertbare Interviews in Unternehmen umfaßten, konnte nachgewiesen werden, daß sich drei Innovationstypen abgrenzen lassen. Es ließen sich die drei Segmente

– HIPs: Unternehmen mit hohem Innovationspotential,
– MIPs: Unternehmen mit mittlerem Innovationspotential,
– NIPs: Unternehmen mit niedrigem Innovationspotential

bilden, die sich jeweils durch ein gleichgerichtetes Innovations- und Investitionsverhalten charakterisieren lassen. So zeichnet sich beispielsweise die Gruppe der HIPs durch eine geplante Nachfrage nach hochtechnischen Systemen, wie CAD/CAM- und PC-Netzwerken aus. Die Gruppen der MIPs und NIPs scheinen in ihren Innovationsvorhaben erst einen Nachholbedarf gegenüber den HIPs decken zu wollen, wobei die Gruppe der Unternehmen mit niedrigem Innovationspotential ihre Nachfrage auf konventionelle Technik konzentriert.

Wollen System-Anbieter nun ihren Markt nach den Innovationstypen der Unternehmen zerlegen bzw. in HIP-, MIP- und NIP-Unternehmen aufteilen, um somit beispielsweise eindeutig ihr Einstiegssegment definieren zu können, so ist für sie interessant, welche Möglichkeiten zur Messung der drei Innovationstypen bestehen. Ebenso wie beim Segmentierungskriterium Unternehmengsgröße, bei dem zur Messung bzw. als Maßstab der Betriebsgröße verschiedene Variablen wie Zahl der Beschäftigten, Umsatz, Gewinn oder Bilanzsumme gewählt werden können (vgl. Gröne 1977, S. 54), bestehen auch bei der Aufteilung der Unternehmen nach Innovationstypen verschiedene Möglichkeiten der Messung.

In den beiden hier zitierten Untersuchungen konnten die drei Segmente HIPs, MIPs und NIPs mit Hilfe einer Messung des innerbetrieblichen Technologieeinsatzes, d. h. einer Messung des Anwendungsniveaus von innovativen Kommunikations- und Fertigungseinrichtungen im Unternehmen, gebildet werden (Unternehmen mit hohem Einsatzstand von Kommunikations- und Fertigungstechnologien: HIPs; mittlerer Einsatzstand: MIPs; niedriger Einsatzstand: NIPs).

Darüber hinaus wurde in diesen Untersuchungen festgestellt, daß sich die drei Unternehmensgruppierungen durch weitere Merkmale charakterisieren lassen. Diese Merkmale, die dem Marketing-Fachmann eine Erleichterung bei der Identifikation der einzelnen Makrosegmente ermöglichen und ein aufwendiges „Auszählen" der eingesetzten Technologien in den Unternehmen überflüssig werden lassen, sind für die einzelnen Innovationstypen nachfolgend zusammengestellt (vgl. Tabelle 3).

Tabelle 3: Charakterisierung von HIP-, MIP- und NIP-Unternehmen

MERKMALE	HIP	MIP	NIP
Corporate Identity	oft	gelegentlich	kaum
Messebeschickung	zahlreich	durchschnittlich	durchschnittlich
Kontakte mit Universitäten und Hochschulen	sehr häufig	mittelmäßig	gelegentlich
Datenbankrecherchen	oft	gelegentlich	kaum
Produktinnovationen für neue Märkte	gelegentlich	kaum	keine
Produktprogramm	jung	durchschnittlich	alt
Kooperationen	häufig	gelegentlich	gelegentlich
Pressearbeit und Außendarstellung	intensiv	durchschnittlich	gering

Je mehr der einzelnen Charakteristika in den aufgezeigten Ausprägungen vorliegen, desto größer ist die Wahrscheinlickeit, daß es sich um ein Unternehmen des einen oder anderen Typs handelt. Die leichte Erfaßbarkeit dieser Merkmale ermöglicht beispielsweise gezielte Besuche des betrieblichen Außendienstes.

Im folgenden wird nun gezeigt, wie die vorgestellte Unternehmens-Typologie in ein Rahmenkonzept der Marktsegmentierung für High-Tech-Anbieter eingegliedert werden kann.

3.2 Zweistufige Segmentabgrenzung

Ähnlich wie in dem von Wind und Cardozo konzipierten Marktsegmentierungsansatz wird auch in diesem Segmentierungsmodell für System-Anbieter eine zweistufige Vorgehensweise vorgeschlagen.

Auf der ersten Stufe bzw. auf der Stufe der Makrosegmentierung sollten sich High-Tech-Anbieter einen differenzierten Überblick über die für den Kauf der Systeme und Komponenten in Frage kommenden Unternehmen verschaffen, um dann zum einen, unter Berücksichtigung des Nachfragepotentials, gezielt unter diesen Segmenten auswählen (erstes Screening) und sie zum anderen gezielt ansteuern zu können.

Im vorliegenden Beispiel wurde eine kombinierte Abgrenzung der Unternehmen nach den drei Kriterien Branchenzugehörigkeit, Unternehmensgröße und Innovationstyp der Unternehmen gewählt. Eine derartige Vorgehensweise ist nachfolgend schematisch dargestellt (vgl. Abbildung 8).

Wird nicht von einem gegebenen Produkt ausgegangen bzw. soll erst ein neues Produkt für einen speziellen Markt entwickelt werden, so sind innerhalb der Makrosegmente zunächst noch die Bedürfnisstrukturen zu analysieren (vgl. Kliche 1985, S. 88 ff.; Hlavacek/Reddy 1986), beispielsweise mit Hilfe des Kriteriums „Technische Anforderungen der Abnehmer-Organisationen". In die Segmentbewertung und Segmentauswahl sind dann auch die eigenen Entwicklungs- und Produktionsressourcen einzubeziehen.

Auf der zweiten Stufe bzw. auf der Stufe der Mikrosegmentierung sollten innerhalb des primär gebildeten Makrosegments diejenigen Personen abgegrenzt werden, die die Durchsetzung technischer Innovationen im Unternehmen aktiv fördern. Eine Identifizierung dieser Personen bzw. Innovatoren und ihrer Interessenvertreter, die sich in den verschiedenen betrieblichen Abteilungen befinden können, würde System-Anbietern eine effiziente kommunikationspolitische Ansteuerung ermöglichen.

Das vorgeschlagene zweistufe Vorgehen bei der Marktsegmentierung bietet High-Tech-Unternehmen nicht nur die Möglichkeit, auf der Grundlage der HIP-MIP-NIP-Typologie und anderer Kriterien Einstiegssegmente zu definieren, vielmehr können auch Sukzessiv-Entscheidungen getroffen werden. Solche Entscheidungen beziehen sich beispielweise auf eine gestaffelte Marktbearbeitung, gruppiert nach Industrien, bei der erst alle HIPs der Elektroindustrie bearbeitet werden könnten, dann alle des Maschinenbaus etc., oder auf eine schrittweise Eroberung internationaler Märkte.

76

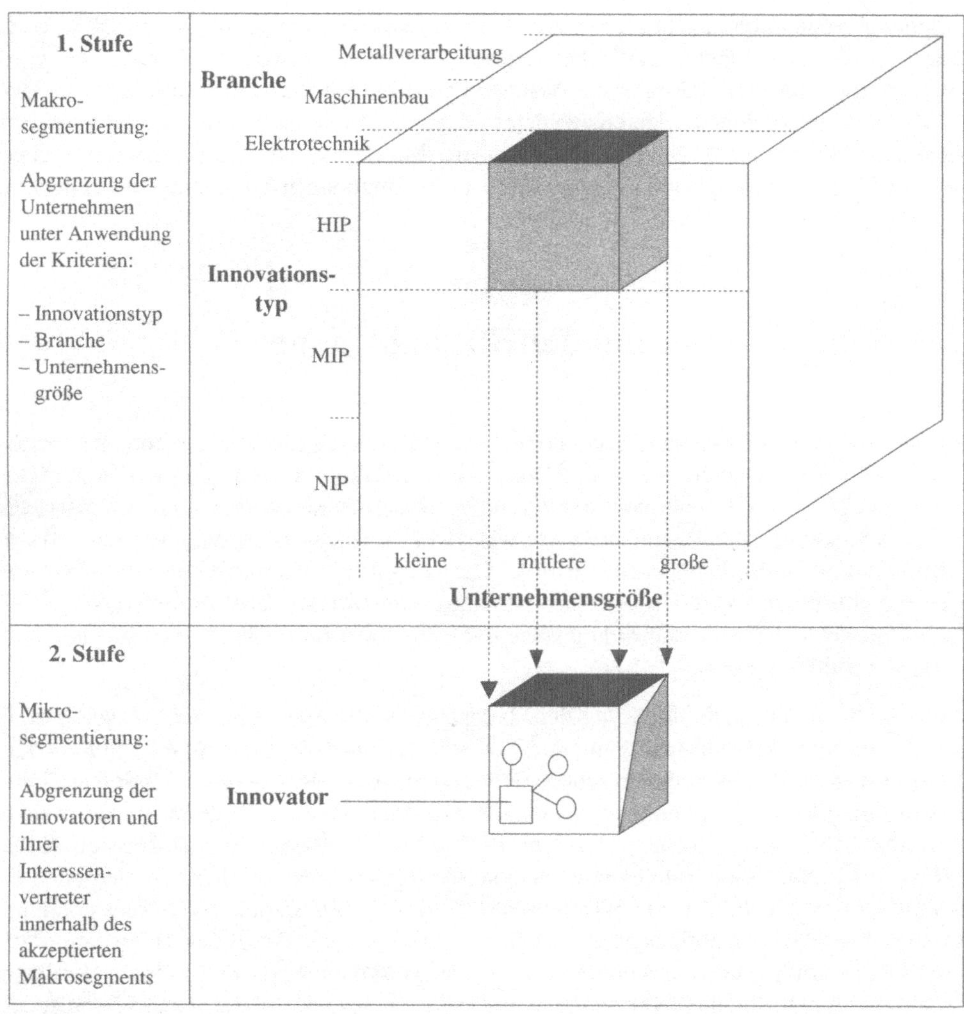

Abb. 8: Zweistufige Vorgehensweise im Segmentierungsmodell für High-Tech-Anbieter

3.3 Internationale Aspekte

Der vorgeschlagene Weg zur Bildung von Marktsegmenten auf der Grundlage der HIP-MIP-NIP-Typologie ist in seinem Aussagewert nicht nur auf inländische Märkte beschränkt. Insbesondere international agierenden Unternehmen, wie sie im High-Tech-

Bereich vornehmlich anzutreffen sind, wird mit diesem Konzept die Möglichkeit eröffnet, bereits ex-ante länderspezifische Beurteilungen vorzunehmen. Sie könnten beispielsweise im Rahmen repräsentativer Marktstudien die jeweiligen Verteilungen von HIP-MIP-NIP-Unternehmen in den einzelnen Ländern ermitteln und diese Vergleichsangaben dann als Maß für die Attraktivität überregionaler Märkte nutzen. Ein derartiges Vorgehen bei der Segmentierung wäre in die Modelle des Internationalen Marketing einzugliedern.

4. Neustrukturierung der Buying Center

Beim Buying Center handelt es sich um ein zentrales, theoretisches Konstrukt des traditionellen Investitionsgütermarketing. Damit wird die Zusammensetzung derjenigen Gremien beschrieben, die innerhalb von Abnehmerunternehmen an An- und Beschaffungsprozessen beteiligt sind. Üblicherweise wird dabei eine Unterscheidung nach der Art der Mitwirkung der Mitglieder eines Buying Centers an Entscheidungen getroffen. So werden die einzelnen Angehörigen eines Buying Centers danach charakterisiert, ob sie Allein-Entscheider oder Entscheidungsbeteiligte sind, oder ob sie als Berater auf Entscheidungen Einfluß nehmen.

Wie bereits bei der Durchführung der klassischen Segmentierungsansätze ausgeführt, ist die Analyse und Berücksichtigung der Verhältnisse innerhalb eines Buying Centers auch Gegenstand der Marktsegmentierung. Gröne verweist in der von ihm angelegten Systematik die Berücksichtigung der Buying-Center-Merkmale zu Segmentierungszwecken auf die Kollektiv (K)-Ebene (vgl. Gröne 1977, S. 81 ff.). Mit dem bloßen Hinweis auf die aus dem Buying Center ableitbaren Segmentierungskriterien ist allerdings lediglich ein Vorschlag von theoretischem Wert unterbreitet. Im Einzelfall, d. h. bei Berücksichtigung eines konkreten Investitionsgutes, ist mit Hilfe empirischer Forschung zu ermitteln, wie sich das Buying Center zusammensetzt, welche Funktionsbereiche in einem derartigen Center vertreten sind und welche Rollenverteilung sich aus der Beteiligung verschiedener Fachleute ergibt.

Webster/Wind haben dazu den eher allgemeingültigen Vorschlag gemacht, folgende Personen als Angehörige des Buying Centers zu betrachten: Den Entscheider (Decider), den Beeinflusser (Influencer), den Einkäufer (Buyer), den Benutzer (User) und den Informationsselektierer (Gatekeeper), (vgl. Webster/Wind 1972, S. 77 ff. und auch Backhaus 1982, S. 43 f.). Produktbezogene empirische Untersuchungen lassen erkennen, daß bei habituellen Entscheidungen, wie sie beispielsweise bei der Beschaffung von Roh-, Hilfs- und Betriebsstoffen vorkommen, ein kleines Buying Center mit oftmals nur einem Individual-Entscheider anzutreffen ist. Demgegenüber ist das Buying Center mit einer größeren Zahl von Fachleuten besetzt, wenn es um die Investition in komplexere Erzeugnisse geht.

Generalisierend läßt sich auch sagen, daß wohl immer ein Vertreter desjenigen betrieblichen Funktionsbereiches einem Buying Center angehört, in dem das jeweilige, zum Kauf anstehende Produkt eingesetzt werden soll. Auch ein Angehöriger des Beschaffungswesens wird normalerweise vertreten sein, weil diesem Bereich die Abwicklung der Bestellvorgänge obliegt. Bei einem hohen Wert des anzuschaffenden Produktes ist die Unternehmensleitung bzw. die Leitung des Finanzbereiches in die Entscheidung einbezogen. Wenn mit der Investition Veränderungen der Personalstruktur bewirkt werden, wird auch der Leiter des Personalwesens an der Entscheidung mitwirken. Denkbar ist auch, daß als Folge einer Investition quantitative und qualitative Veränderungen des Produktionsergebnisses zu verzeichnen sind. In derartigen Fällen stellt sich die Frage nach dem verfügbaren Marktpotential für die Produkte, die mit neuen Fertigungsaggregaten produziert werden. Marketing und Marktforschung sind dann zur Beteiligung am Buying Center heranzuziehen.

Es ist zu hinterfragen, ob die vorstehenden Aussagen angesichts der besonderen Verhältnisse noch aufrechterhalten werden können, die sich in Auswirkung der Besonderheiten funktionsbereichs-übergreifender, unternehmens-integrierender Systeme ergeben. Schon der Hinweis auf den funktionsbereichs-übergreifenden Charakter derartiger Systeme läßt den Schluß zu, daß sämtliche Bereiche und Abteilungen innerhalb der Abnehmer-Unternehmen an einer Entscheidungsbeteiligung interessiert sein müssen, wenn eine Systemimplementierung bevorsteht. Von dieser wird das gesamte Unternehmen betroffen. Es ist davon auszugehen, daß sich die Organisationsstrukturen der Abnehmer-Unternehmen und die Arbeitsverhältnisse innerhalb der Unternehmensbereiche aufgrund des Systemeinsatzes grundlegend verändern werden. Wenn derartige Folgen innerhalb der Abnehmer-Unternehmen in voller Tragweite erkannt werden, dann ist anzunehmen, daß sie ihre Beschaffungsgremien anders konstituieren als es bei Investitionen in konventionelle Technik der Fall war. Richtig erscheint, daß ein jeder von der Systemimplementierung berührte Funtionsbereich innerhalb des Buying Centers vertreten sein sollte. Dieses Erfordernis wird dazu führen, daß eine zunehmend größere Zahl von Fachleuten der einzelnen Funktionsbereiche an einem Buying Center beteiligt wird.

Schließlich sind die Folgen in die Betrachtung einzubeziehen, die sich aus einer Systemimplementierung für die Mitarbeiter ergeben. Ihr Arbeitsplatz wird sich verändern, sie werden vor andersartige Qualifikationsanforderungen gestellt. Unter Umständen sind Versetzungen in andere Arbeitsbereiche oder gar Entlassungen zu erwarten. Alles dies wird ein Mitspracherecht der Mitarbeiter und eine Beteiligung der Arbeitnehmervertreter an systemgerichteten Entscheidungsprozessen herausfordern. Damit ist eine weitere Ausweitung von Beschaffungsgremien abzusehen.

Diese Tendenzen deuten sich in der bereits mehrfach zitierten CAD/CAM-Untersuchung an (vgl. Strothmann u. a. 1987 a, S. 14 f.). Die Frage nach den entscheidungsbeteiligten Personen erbrachte bereits deutliche Hinweise auf eine anstehende Vergrößerung der Beschaffungsgremien, die weit mehr Entscheidungsbeteiligte aufweisen, als es bei ähnlichen Erfassungen auf dem Gebiet konventioneller Technik der Fall war. Daraus kann gefolgert werden, daß sich bei Untersuchungen an einer Einstiegstechnologie wie CAD/

CAM wesentliche Indizien für bevorstehende Entwicklungen erkennen lassen. Die beobachtbaren Trends werden sich verstärken, wenn es nicht nur um Teilsysteme – wie CAD – geht, sondern um unternehmens-übergreifende Gesamtsysteme.

Die sich herausbildenden neuen Buying Center-Strukturen müssen Gegenstand der Analyse und Beobachtung im Innovationsmarketing sein. Schließlich sind Mitglieder derartiger Gremien die relevanten Zielpersonen für die Vertriebs- und Kommunikationspolitik der System-Anbieter. Die bisherige Darstellung von Entwicklungen, denen diese Gremien im Zusammenhang mit der Systemtechnik unterliegen, machen deutlich, daß auf eine wachsende Zahl von Entscheidungsträgern Einfluß genommen werden muß, damit sie zu Partnern im Interaktionsgeschehen während des Entscheidungsprozesses, der Vorbereitungszeit und der Implementierungsphase werden.

Es bleibt zu fragen, ob sich auch in derartig großen Gremien Zentralfiguren herausbilden, die systemgerichtete Entscheidungsprozesse initiieren und schließlich dem Systemeinsatz innerhalb ihres Unternehmens mit vollem Engagement zur Durchsetzung verhelfen. Die Frage bezieht sich auf die Gültigkeit des Promotorenmodells von Eberhard Witte, das im konventionellen Investitionsgütermarketing einen tragfähigen Ansatz zur Beschreibung derartiger Zentralfiguren darstellt (vgl. Witte 1973). Diesem Problem soll im folgenden mit der Behandlung der vom Spiegel-Verlag herausgegebenen Untersuchung „Innovatoren" nachgegangen werden (vgl. Spiegel-Verlag 1988). Grundlage der Schilderung der Innovatoren bildet jedoch das bereits erwähnte Promotorenmodell.

5. Innovatoren als Zentralfiguren im Buying Center

5.1 Das Promotorenmodell als Grundlage

Mit dem Promotorenmodell werden zwei Promotorenarten beschrieben: Der *Machtpromotor* und der *Fachpromotor* (vgl. Witte 1973, S. 14 ff.). Den damit bezeichneten Typen ist zu eigen, daß sie auf innovative Investitionen gerichtete Entscheidungsprozesse initiieren, die zur Durchsetzung einer Innovation erforderlichen Entscheidungen mit den ihnen verfügbaren Möglichkeiten beeinflussen und den Investitionsprozeß mit allen Mitteln vorantreiben, bis der Investitionserfolg gesichert ist. Um dieses Ziel zu erreichen, setzen Promotoren unterschiedliche Energiepotentiale ein.

Der Machtpromotor spielt dabei die aus seiner hierarchischen Position abgeleiteten Möglichkeiten aus. Allerdings kann es sich dabei auch um eine Machtposition handeln, die auf Delegation von Verantwortung für den jeweiligen Investitionszweck beruht. Eine Beurteilung des Investitionsobjektes nimmt der Machtpromotor vor dem Hintergrund der

Unternehmensgegebenheiten und der spezifischen Anwendungsbedingungen vor. Sein Wissensstand erstreckt sich auf diejenigen Informationen, die zur Beurteilung der Stimmigkeit von Produktmerkmalen und unternehmensspezifischen Konstellationen erforderlich sind. Ein derartiger Promotortyp verzichtet weitgehend auf genaue Kenntnis technischer Details der Produktauslegung.

Anders der Fachpromotor: Die Energie, die ein derartiger Promotor in die Durchsetzung eines Investitionsprozesses einbringt, beruht auf seinem Fachwissen. Dementsprechend muß der Fachpromotor permanent darum bemüht sein, alle technisch-wirtschaftlichen Details aufzunehmen, die ihn in die Lage versetzen, mit dieser spezifischen Energie auf Entscheidungs- und Investitionsprozesse einzuwirken.

Es wird erkennbar, daß sich beide Typen in ihrem Informations- und Entscheidungsverhalten grundlegend unterscheiden. Gemeinsam ist ihnen jedoch – und das sei noch einmal festgehalten – mit ihren Möglichkeiten innerhalb von Entscheidungsgremien das Erfordernis der anstehenden Investition zu postulieren und die Gremiumsentscheidung zu forcieren.

Von Bedeutung für das Investitionsgütermarketing ist, daß Promotoren nicht in allen Unternehmen auftreten und dementsprechend auch nicht an allen verlaufenden Entscheidungsprozessen beteiligt sind. Es obliegt insbesondere dem Technischen Verkäufer, in dem von ihm besuchten und betreuten Unternehmen herauszufinden, ob ein Promotor das Entscheidungs- und Investitionsgeschehen maßgeblich prägt. Wenn dem so ist, dann kann der Technische Verkäufer in ihm einen Partner haben, vorausgesetzt der Promotor ist von dem vom Technischen Verkäufer unterbreiteten Angebot bzw. von dessen Vorschlägen überzeugt.

Die Umsetzung des Promotorenmodells in das Marketing ist in ähnlicher Weise zu vollziehen, wie es gegenüber den Image- und Faktenreagierern beschrieben wird. Auf die dazu gegebenen Strategiehinweise für die Verkaufs- und Kommunikationspolitik sei an dieser Stelle verwiesen (vgl. Kapitel VI, Abschnitt 3).

Hier kam es darauf an, das Promotorenmodell noch einmal in aller Kürze, ohne Berücksichtigung von Besonderheiten, darzustellen. Auf diesem Modell aufbauend, wurde im Rahmen der bereits zitierten Spiegel-Untersuchung „Innovatoren" geprüft, ob auch in Abnehmer-Unternehmen für unternehmens-integrierende Systeme ähnliche Konstellationen zu erwarten sind. Bei der empirischen Untersuchung wurden deshalb die wesentlichen Promotorenmerkmale an denjenigen Fachleuten zu erfassen versucht, die mit maßgeblicher Kompetenz in ein systemgerichtetes Investitionsgeschehen einbezogen sind. Angereichert wurde diese Ermittlung um die Merkmale der Image-Faktenreagierer. Schon die erfaßte Merkmalsbreite läßt vermuten, daß sich im Ergebnis ein differenzierteres Bild ergibt, als das einer Zweiertypologie. Die bei der Innovatorenuntersuchung angewandte Cluster-Analyse führt dann auch zu drei Typen, die im folgenden beschrieben werden sollen. Sollte es sich dabei um ein manifestes Modell zur Beschreibung von Fachleuten handeln, die den Systemeinsatz in ihren Unternehmen initiieren und unter finalen Erfolgszielen gestalten, dann sind weitere innovationsrelevante Segmentierungskriterien erschlossen. Sie können neben der vorstehend behandelten Einteilung der Unternehmen nach HIP, MIP und NIPs in die Segmentierungsstrategie des Innovationsmarketing eingeführt werden (vgl. Abschnitt 3.2 dieses Kapitels).

5.2 Die Innovatoren-Typologie

Die drei im Rahmen der Spiegel-Untersuchung 'Innovatoren' auf der Grundlage einer Cluster-Analyse erkannten Entscheidertypen wurden wie folgt bezeichnet:

– Der Entscheidungsorientierte
– Der Faktenorientierte
– Der Sicherheitsorientierte

Diese Entscheidertypen sollen im folgenden kurz vorgestellt werden:

Der entscheidungsorientierte Typ

Dieser Entscheidertyp legt primär auf eine zügige Entscheidungsfindung Wert. Er behauptet sich souverän innerhalb des Entscheidungsgremiums und empfindet sich dementsprechend als Alleinentscheider. Es ist davon auszugehen, daß der Entscheidungsorientierte gleichzeitig an mehreren Entscheidungsprozessen beteiligt ist.

Erklärung für das Informationsverhalten des entscheidungsorientierten Typs bietet die Häufigkeit seiner Entscheidungsbeteiligung. Informationen werden pragmatisch zielorientiert selektiert und genutzt. So kommt es zu einer Kenntnis der für die Entscheidung wesentlichen Fakten. Ein Detailwissen wird auf diese Weise nicht erworben. Die darauf gerichteten Vorarbeiten werden vielmehr von Mitarbeitern übernommen.

Wesentlich ist, daß der hier beschriebene Verhaltenstyp seine Entscheidungen kaum am Firmenimage der Anbieter orientiert. Er verschafft sich vielmehr eine Vorstellung von der Qualität ihres Angebots. Der Preis wird immer dann zum Entscheidungskriterium, wenn mehrere Hersteller nach subjektiver Einschätzung die gleiche Qualität zu bieten haben.

Der faktenorientierte Typ

Dieser Entscheidertyp ist als nahezu detailbesessen zu bezeichnen. Die dadurch bedingte zeitliche Inanspruchnahme führt zunächst zur Entscheidungsverzögerung. Sie ist auch ausschlaggebend dafür, daß der Faktenorientierte an einer geringeren Zahl von Entscheidungsprozessen beteiligt ist als der Entscheidungsorientierte. Dieser Typ wird trotz seiner zentralen Rolle wenig auffällig. Er hat oftmals nur eine Mitwirkungsfunktion.

Wesentliches Merkmal des Faktorenorientierten ist sein auf die Selbsterarbeitung von Detailwissen gerichtetes Informationsverhalten. Er strebt an, fachlich äußerst versiert zu sein. Dies setzt voraus, daß alle vorbereitenden Informationsaktivitäten von ihm selbst betrieben werden.

Für den Technischen Verkäufer ist dieser Typ ein wichtiger Ansprechpartner. Dieser muß allerdings darauf eingestellt sein, daß der Faktenorientierte von anderen Mitgliedern des Entscheidungsgremiums abhängig ist, insbesondere wenn es sich dabei um Machtpromotoren handelt.

Die Detailkenntnis in bezug auf das zu beurteilende Angebot macht diesen Entscheidertyp weitgehend unabhängig von der Wirkung der Firmenimages der Hersteller. Die Möglichkeiten zur profunden Produktbeurteilung im Detail impliziert vielmehr die Fähigkeit, den Preis der Anbieter bei Entscheidungen zu berücksichtigen.

Der sicherheitsorientierte Typ

Der Sicherheitsorientierte ist zwar ein zögernder Entscheider, dennoch Impulsgeber für den Technologieeinsatz. Nach der durch ihn herbeigeführten Initiierung von Entscheidungsprozessen setzen langwierige Prüfungen der Möglichkeiten einer neuen Technologie ein sowie eine intensive Auseinandersetzung mit den Angeboten der Hersteller. Dabei ist der Sicherheitsorientierte von Außeneinflüssen in starkem Maße abhängig. Diese Abklärungen, die keineswegs zu technischem Detailwissen führen, sind mehr auf Absicherung ausgerichtet. Sie betreffen im wesentlichen den Nutzen einer Investition für das eigene Unternehmen sowie die Investitionsfolgen, Serviceprobleme, Ersatzteildienst und dergleichen.

Die Beurteilung des Informationsverhaltens dieses Entscheidertyps führt zu dem Ergebnis, daß es diesem im wesentlichen um die Problemdefinition und Konzeptionsdarstellung geht. Dementsprechend ist ein selektives Informationsverhalten zu unterstellen. Den Sicherheitsorientierten zeichnet der Blick für das Wesentliche aus.

Der sicherheitsorientierte Typ kommt in seinem Verhalten dem Imagereagierer nahe. Sein Absicherungsbestreben veranlaßt ihn, sich an bekannten Namen und ausgeprägten Firmenimages zu orientieren. Aus dem Firmenimage eines Herstellers leitet dieser Typ die Vorstellung einer hohen Angebotsqualität ab.

Mit dieser Typologie ist ein erster Ansatz auch zur Marktsegmentierung im Innovationsmarketing auf der Ebene der Entscheider erarbeitet. Eine Übersicht über die Merkmale der Typen im Vergleich bietet die nachfolgende Tabelle (vgl. Tabelle 4).

Tabelle 4: Merkmale der Innovatoren (aus: Spiegel-Verlag 1988, S. 19)

	Der Entscheidungsorientierte	Der Faktenorientierte	Der Sicherheitsorientierte
Entscheidungs-verhalten	• Souverän • Zügig • Alleinentscheider • Höchste Entschei-dungsbeteiligung	• Detailbesessen • Bedächtig, verzögert, ohne Zeitdruck • Mitwirkungsfunktion • Mittlere Entschei-dungsbeteiligung	• Abhängig von äußeren Faktoren • Zögernder Entscheider, macht sich die Entschei-dung schwer • Impulsgeber, Prüfer • Niedrigste Entscheidungs-beteiligung, mehrere Entscheider
Vorbereitung, Absicherung der Entscheidung	• Kümmert sich nicht um Details • Denkt kausal, kennt we-sentliche Fakten • Vorarbeiten werden dele-giert • Selektive Information, Info wird vorbereitet • Ist kein Ansprechpartner	• Klärt alle Details selbst, treibt Entscheidungen voran • Hat Detailwissen, fachlich versiert • Vorbereitende Aktivitäten und Klärungen: Angebote, Informationen • Breites Informations-spektrum, akzeptiert Machtpromotor • Ist wichtiger Ansprech-partner	• Kümmert sich nicht um Details • Kümmert sich um Sicher-heitsfragen: Service, Anwendungsmöglichkeiten • Problemdefinition, Kon-zepterstellung • Selektive Information, Blick für Wesentliches • Ist kein Ansprechpartner
Imagedenken	• Immun gegen Firmen-images • Qualitätsorientiert, nur bei gleicher Qualität entschei-det der Preis	• Imageunabhängig • Preisorientiert	• Imagereagierer, sichert sich durch bekannte Namen ab • Nur qualitätsorientiert
Art des Unternehmens	• Unabhängig von der Betriebsgröße • Forschungsaufkommen: 6,1 % • Innovationspotential: etwa gleiche Verteilung • Im Konzern, Firmen-verbund • Stark exportorientiert bei HIP • GmbH und AG • Permanente Neuprodukt-entwicklung am ausge-prägtesten	• Eher im mittelständischen Unternehmen • Forschungsaufkommen hoch: 7,5 % • Häufig bei NIP, teilw. MIP • Eher in Einzelfirmen • Exportorientiert bei MIP • Häufig in GmbH, selten in AG	• Überwiegend im Großun-ternehmen • Forschungsaufkommen: 6,3 % • Häufig bei MIP • Im Konzern, Firmenver-bund • Stark exportorientiert bei HIP • GmbH und AG

Tabelle 4: Fortsetzung

	Der Entscheidungsorientierte	Der Faktenorientierte	Der Sicherheitsorientierte
Führungsstil	• Praktiziert kooperativen Führungsstil, delegiert viel, von guter Zusammenarbeit abhängig	• Hierarchie teilweise ausgeprägt (sehr kleine und sehr große Betriebe)	• Arbeitet am ehesten in Gruppen, bedingt durch Firmengröße
Subjektive Meinung über Firmensituation	• Hat die negativste Meinung über den Innovationsstand seiner Firma	• Schätzt sein Unternehmen am positivsten ein	• Ambivalent
Betätigungsfeld, Funktion	• Techniker, Kaufmann, kein Organisator • Geschäftsleitung, Direktor, kaufmännische Leitung, Bevollmächtigter	• In allen Bereichen, nicht in kaufmännischen • Geschäftsleitung, Abteilungsleitung, Organisationsleitung	•Techniker, Organisator • Konstrukteur, Entwickler Organisator, Abteilungsleitung EDV • Hat die meisten zusätzlichen beruflichen Aufgaben
Ausbildung	• Praktische Ausbildung im kaufmännisch, technischen Bereich • Fachschule	•Lehre •Fachschule	• Akademische Ausbildung • Uni, Technische Hochschule
Informationsverhalten im Entscheidungsprozeß	• Fachmessen • User-Groups • Dialog mit dem Hersteller • Produktpräsentation • Fachliteratur	• Fachzeitschriften • Fachliteratur • Fachmessen • User-Groups • Schriftliches Material der Hersteller • Seminare • Produktpräsentationen	• Breites Informationsspektrum, exklusive Quellen • Kurse, Seminare • Messen, Ausstellungen • User-Groups • Dialog mit dem Hersteller • Schriftliches Material der Hersteller • Produktpräsentationen

Die weitergehende Beschäftigung mit den durch die Spiegel-Untersuchung herbeigeführten Ergebnissen macht es jedoch schwierig, aus den vorliegenden Befunden bereits konkrete Hinweise für ein operatives Systemmarketing abzuleiten, das den Besonderheiten der beschriebenen Typen gerecht wird. Das betrifft sowohl das Problem der Typ-Identifikation im Verkaufsgeschehen, als auch die danach zu wählende Strategie des werblich-kommunikativen Eingehens auf die Verhaltenstypen. Es ist davon auszugehen, daß es sich dabei um ein temporares Problem handelt, das im folgenden kurz zu skizzieren ist.

5.3 Die Abhängigkeit der Typ-Zugehörigkeit von Unternehmensmerkmalen

Zunächst sei festgestellt, daß die Zugehörigkeit zu einer Typ-Kategorie ganz offenkundig nicht ausschließlich durch Persönlichkeitsmerkmale des Entscheidenden bedingt ist. Vielmehr prägen das Umfeld des Unternehmens und die mit der Investition verbundenen Sachzwänge das Verhalten der Entscheider. Auch die hierarchische Position sowie die Einbindung in einen Funktionsbereich des Unternehmens sind dafür ausschlaggebend. Es fragt sich, inwieweit persönliche Anlagen und Voraussetzungen dazu führen, daß ein Entscheider vor eine zentrale Aufgabe innerhalb eines Entscheidungsgremiums gestellt wird, ob nicht vielmehr betriebliche Sachzwänge die Rollenzuweisung auslösen und dann rollenspezifische Verhaltensweisen erzeugen. Die durchgeführten Korrelationsanalysen deuten in diese Richtung.

Ursächlich dafür dürfte die Tatsache sein, daß innerhalb der Unternehmen noch keine Klarheit über die Tragweite einer systemgerichteten Investition besteht. Dies ist ebenfalls aus den Ergebnissen empirischer Untersuchungen abzuleiten. Diese verdeutlichen weitgehend verschwommene Vorstellungen über die Fülle von Aufgaben, die vor einer Systeminvestition wahrgenommen werden müssen. Verbreitet wird offenkundig noch übersehen, welche umfangreichen Leistungen von den Anbieter- und Abnehmer-Unternehmen erbracht werden müssen, bevor der eigentliche Investitionsprozeß eingeleitet werden kann. Auch die Folgen einer Systemrealisierung sind keineswegs hinreichend bewußt, insbesondere nicht die Auswirkungen auf die Organisation der Unternehmen.

Daraus ist zu folgern, daß es in den Unternehmen noch nicht gelungen ist, Entscheidungsgremien zu konstituieren, die in ihrer fachlichen Besetzung den durch die Systemtechnik bedingten Anforderungen entsprechen. Außerdem ist anzunehmen, daß auch die Zentralfiguren, also die Innovatoren, noch nicht aufgabengerecht ausgewählt werden. Es scheint vielmehr so zu sein, daß bei einer beabsichtigten Systeminvestition derjenige leitende Fachmann in die Rolle des Innovators gerät, der über die meisten Erfahrungen mit Investitionsprozessen verfügt, die technische Großprojekte konventioneller Technik betrafen.

Promotoren- bzw. Innovatorenrollen werden den Zentralfiguren im Entscheidungsprozeß aus verschiedenen Ausgangslagen zugewiesen. Die Unternehmen haben einen unterschiedlichen Ausstattungsgrad. Sie gehören verschiedenen Branchen mit spezifischen Fertigungsverfahren an. Dies erklärt, warum die ermittelten Innovatoren-Typen in Abhängigkeit von Unternehmensmerkmalen unterschiedliche Ausprägungen ihrer charakteristischen Merkmale aufweisen.

Im gegenwärtigen Stadium sind die typbezogenen Erkenntnisse als erste Befunde einer weiterzuführenden Grundlagenforschung zu werten. Dabei kann der Hypothese nachgegangen werden, daß klarere und eindeutige Typenbildungen dann möglich sein werden, wenn die Unternehmen die Tragweite systemgerichteter Entscheidungen voll realisiert haben und konkrete Vorstellungen über die notwendige fachliche Zusammensetzung von Entscheidungsgremien entwickeln. Dies erklärt auch, warum aus dem Innovatorenmodell beim derzeitigen Stand der Forschung nur begrenzt Hinweise und Regeln für die kommunikationspolitische Ansprache der im Ansatz erkannten Typen abgeleitet werden können. Anzunehmen ist, daß auf die Innovatoren mit ähnlichen kommunikationspolitischen Methoden eingewirkt werden kann, wie sie für die Typologien des Informations- und Entscheidungsverhaltens beschrieben werden (vgl. Strothmann 1979, S. 90 ff.; und Kapitel VI, Abschnitt 3.1).

V. Kapitel

Die Integrationspolitik als neuer Instrumentarbereich

Es konnte bereits herausgearbeitet werden, daß auf den Entscheidungsprozeß eine längere Vorbereitungszeit der System-Abnehmer folgt (vgl. Abschnitt 4.2 im II. Kapitel). Erst nach Abschluß der zu treffenden Vorbereitungen kommt es zu den ersten Investitionsschritten. Jedenfalls entspricht das den für richtig erachteten normativen Vorstellungen, die an dem Ziel einer optimalen Systemimplementierung orientiert sind. Die Dauer der zu sehenden Vorbereitungszeit wird von verschiedenen Faktoren bestimmt:

– Einmal von der beim Abnehmer vorhandenen Investitionsroutine. Abnehmer, die an Investitionen in komplexe Anlagen gewöhnt sind, werden unter Umständen mit kürzeren Vorbereitungszeiten auskommen.

– Des weiteren spielt die Höhe der anstehenden Investitionssumme eine Rolle. Bei einem hohen Gesamtbetrag wird angesichts des anstehenden Entscheidungsrisikos eine gründlichere Vorbereitung auf die Investition erforderlich sein.

– Zusätzlich sind die Folgen für die Unternehmensstruktur in Betracht zu ziehen. Ergeben sich durch die Systeminvestition gravierende Veränderungen der angelegten Organisationsstrukturen, dann wird von längeren Vorbereitungszeiten auszugehen sein.

– Auch die personellen Folgen der Investition wirken auf die Dauer der Vorbereitungszeit. In investitionsgeübten Unternehmen ist ein qualifizierterer Personalbestand vorhanden als in Unternehmen auf niedrigerem Verfahrensniveau. Letztere werden deshalb eher längere Vorbereitungszeiten in Anspruch nehmen.

– Schließlich sind die Auswirkungen einer Systeminvestition auf verschiedene Umfeldsektoren des Unternehmens zu beachten. Von Tragweite und damit von Auswirkung auf die Dauer der Vorbereitungszeit können positive oder negative Umweltfolgen sein, aber auch quantitative Veränderungen im Personalbestand, insbesondere wenn diese zur Freisetzung von Arbeitskräften führen.

Mit diesen, die Vorbereitungszeit prägenden Determinanten, wird auf eine Fülle von Problemen hingewiesen, die von einem vor einer Investition stehenden Unternehmen nach Abschluß des vorangehenden Entscheidungsprozesses überdacht und behandelt werden müssen. Es fragt sich, inwieweit es sich dabei ausschließlich um Probleme des Abnehmers handeln soll oder ob auch die System-Hersteller herausgefordert sind, aktiv zur Problemlösung beizutragen.

Vieles spricht dafür, daß sich die System-Hersteller dieser Herausforderung stellen müssen. Dies liegt im Interesse des Erfolgziels, nämlich bei dem jeweiligen Abnehmer den Auftrag zur Systemimplementierung zu erhalten. Es ist abzusehen, daß sich die Chance zu einer derartigen langfristigen Zusammenarbeit drastisch erhöht, wenn der Abnehmer bereits in der Vorbereitungszeit positive Erfahrungen mit dem System-Hersteller gewinnen konnte. Demgegenüber werden System-Hersteller chancenlos sein, die sich der Begleitung des Abnehmers während der Vorbereitungszeit entziehen.

Des weiteren ist zu sehen, daß nur bei einer gründlichen Vorbereitung des Abnehmers eine reibungslose Systemimplementierung erwartet werden kann. Spätere Konflikte, die aus Unzulänglichkeiten des Implementierungsvorganges resultieren, können also bereits während des Vorbereitungszeitraumes vermeidbar gemacht werden. Daran muß dem System-Hersteller gelegen sein, nicht nur im Interesse des anstehenden Investitionsfalles, sondern auch mit Blick auf andere potentielle System-Abnehmer, die zu ihrer eigenen Risikominimierung Referenzunternehmen aufsuchen. Von jedem nicht sorgsam vorbereiteten Investitionsvorhaben kann deshalb eine Negativ-Werbung ausgehen.

Wird das Erfordernis einer umfassenden Einflußnahme des System-Herstellers auf die Vorbereitungszeit der Abnehmer bejaht, dann stellt sich die Frage nach den Instrumenten und Maßnahmen, die für die Vorbereitung geeignet sind.

1. Die Unzulänglichkeit der traditionellen Instrumente

Dem Marketing für konventionelle Produkte und Anlagen stehen die folgenden Instrumentarbereiche zur Verfügung (vgl. Strothmann 1979, S. 113):

- Produkt- und Entwicklungspolitik
- Kommunikationspolitik
- Funktionspolitik

Diesen Instrumentarbereichen sind verschiedene Instrumente zugeordnet, mit denen marktgerichtete Maßnahmen ausgeübt werden können. Das nachfolgende Schema bietet eine Übersicht über die Instrumentarbereiche des traditionellen Investitionsgütermarketing und die zu ihnen gehörenden Instrumente und Subinstrumente (vgl. Tabelle 5).

Die *Produkt- und Entwicklungspolitik* ist insofern als Marketing-Instrumentarbereich anzusehen, als vom Marketinggedanken herkommend, alle Produktkonzeptionen den Markterfordernissen entsprechen müssen. Es ist deshalb sicherzustellen, daß die Zielsetzung der Marktorientierung als Aufgabe für die Konstruktions- und Entwicklungstätigkeit innerhalb der investitionsgüteranbietenden Unternehmen gewährleistet wird (vgl. Strothmann 1979, S. 118).

Mit Blick auf die Systemtechnik ist bereits zu folgern, daß sie auch in dieser Hinsicht markante Unterschiede zu den konventionellen Investitionsgütern aufweist. Abgesehen von hochkomplexen Anlagen sind im allgemeinen marktreife und damit vorstellbare Investitionsgüter Gegenstand des Vermarktungsprozesses. Demgegenüber kristallisiert sich auf dem Gebiet der Systemtechnik frühestens in späten Phasen der Vorbereitungszeit heraus, welche Konzeption den Intentionen des Abnehmers nahekommt. Davon ausgehend steht die Produkt- und Entwicklungspolitik erst dann vor der Aufgabe, eine abnehmergerechte System-Architektur zu entwerfen.

Tabelle 5: Instrumentarbereiche des traditionellen Investitionsgütermarketing
(aus: Strothmann 1979, S. 114)

PRODUKT- UND ENTWICKLUNGS-POLITIK	KOMMUNIKATIONS-POLITIK	FUNKTIONS-POLITIK
• **Produkt-Neuentwicklung** Konkretisierbare Neuentwicklung Nicht konkretisierbare Entwicklung • **Produkt-Weiterentwicklung**	• **Technischer Verkäufer** • **Werbung** Fachzeitschriften Überregionale Tages- und Wirtschaftspresse, Nachrichten-Magazine Direkt-Werbemittel Firmen- und Hauszeitschriften Technische bzw. Industriefilme • **Messen** Technische Mehrbranchen-Messe Fachmesse • **Verkaufsförderung**	• **Produktübertragung** • **Applikationsanpassung** • **Personalschulung** • **Montage** • **Software-Entwicklung** • **Reparatur- und Ersatzteildienst**

Zu berücksichtigen ist dabei, daß die Konstrukteure und Entwicklungsingenieure in dieser Phase sicherlich auf eine Vielzahl bereits marktreifer Systembestandteile bzw. -komponenten sowie vorentwickelte Software zurückgreifen können. Diese Elemente sind in vorangegangener Entwicklungstätigkeit entstanden.

Die damit gezeichneten Verhältnisse veranlassen, eine Zweiteilung der Produkt- und Entwicklungspolitik einzuführen. Einmal sind die Bereiche zu sehen, die Systembestandteile als vermarktungsfähige Erzeugnisse zu entwickeln haben und zum anderen diejenigen, die die auf die Systemkonzeption gerichteten Gestaltungsarbeiten verrichten.

Für die *Kommunikationspolitik* ist zunächst festzustellen, daß es sich dabei um den Instrumtarbereich handelt, dessen Instrumente zur Steuerung und Beeinflussung abnehmerseitig verlaufender Entscheidungsprozesse eingesetzt werden. Die Aufgabe der Kommunikationspolitik besteht dementsprechend darin, den an Entscheidungsprozessen beteiligten Fachleuchten Qualität und Nutzen der Erzeugnisse zu verdeutlichen, die Ergebnis der Produkt- und Entwicklungspolitik sind. Darüber hinaus ist mit den Möglichkeiten der Kommunikationspolitik innerhalb der Abnehmerschaft ein Leistungsbild des Unternehmens aufzubauen, das derartige Produkte bereitstellt (vgl. Strothmann 1979, S. 122).

Es wurde bereits dargelegt, daß der Vorbereitungszeit ein Entscheidungsprozeß vorausgeht (vgl. Abschnitt 4.2 im II. Kapitel). Auch in diesem, auf eine Systemimplementierung gerichteten Entscheidungsprozeß bilden sich Entscheidungsgremien innerhalb der Abnehmer-Unternehmen heraus. Die dazu gehörenden Entscheidungsträger sind nach wie vor mit den Instrumenten der Kommunikationspolitik anzusprechen und zu informieren.

Aus dieser Betrachtung kann vorläufig gefolgert werden, daß der Instrumentarbereich Kommunikationspolitik auch unter den Bedingungen einer unternehmens-integrierenden Systemtechnik seine bisherige Funktion erhalten wird. Das gilt auch für die zu diesem Instrumentarbereich gehörenden Instrumente. Zu hinterfragen ist allerdings, ob die über die Instrumente zu vermittelnden Informationen diejenigen sein werden, die im traditionellen Investitionsgütermarketing zur Anwendung kamen und Wirksamkeit versprachen. Das damit aufgeworfene Problem wird an späterer Stelle zu erörtern sein.

Die dem Instrumentarbereich *Funktionspolitik* zugeordneten Instrumente betreffen im wesentlichen Leistungen der Investitionsgüter-Hersteller, die nach getroffenem Kaufentscheid in das Unternehmen der Abnehmerseite eingebracht werden. Wichtig ist, daß es sich dabei um Aufgaben handelt, die nach einer Auftragserteilung wahrgenommen werden müssen, so die Produktübertragung und -anpassung, Montage, Reparatur- und Ersatzteildienst sowie Softwareanpassung und Personalschulung. Mit derartigen Maßnahmen trägt der Investitionsgüter-Hersteller dem Erfordernis Rechnung, einen reibungslosen Einsatz der von ihm gelieferten Erzeugnisse zu gewährleisten. Einleuchtend ist, daß ein potentieller Abnehmer schon vor dem Kaufentscheid über den Umfang und die Qualität der zu erwartenden funktionspolitischen Leistungen informiert werden muß. Es ist deshalb Aufgabe der Kommunikationspolitik, auch in dieser Hinsicht informierend zu wirken und die Leistungen des Instrumentarbereiches Funktionspolitik im Markt vorzustellen (vgl. Strothmann 1979, S. 190).

Sicherlich werden funktionspolitische Leistungen auch auf dem Gebiet der Systemtechnik erbracht werden müssen. Insofern kann von einer Existenzberechtigung dieses Instrumentarbereichs auch im Innovationsmarketing ausgegangen werden. Es bedarf jedoch der Erörterung, inwieweit dieser Instrumentarbereich qualitativen und quantitativen Veränderungen unterworfen wird, wenn ein auf die Ansprüche der Systemtechnik abgestimmtes Innovationsmarketing zur Anwendung kommt.

Für die im Überblick vorgestellten Instrumentarbereiche des traditionellen Investitionsgütermarketing kann ausgesagt werden, daß sie den Anforderungen eines systembedingten Innovationsmarketing zwar entsprechen, daß jedoch Modifikationen in bezug auf den Instrumentareinsatz und die Ausgestaltung der Instrumente angezeigt sind. Wesentlicher ist, daß in diesem System keine Instrumente identifizierbar sind, die auf die Vorbereitungszeit der Abnehmer einzuwirken vermögen. Die vorgestellten Instrumentarbereiche bedürfen also der Erweiterung. Damit ist das Erfordernis zur Einführung eines weiteren Instrumentarbereichs angesprochen.

2. Das Erfordernis einer Integrationspolitik

Der im Entstehen begriffene Instrumentarbereich wird mit der Bezeichnung *Integrationspolitik* belegt. Unter Integrationspolitik sollen alle Maßnahmen der System-Anbieter verstanden werden, die unter der Zielsetzung in die Abnehmer-Unternehmen eingebracht werden, einen reibungslosen System-Implementierungsprozeß vorzubereiten (vgl. Kliche/Pörner 1987, S. 243 ff.; Strothmann 1987a, S. 194 f.). Dieser neue Leistungsbereich, der das herkömmliche Investitionsgütermarketing einem Innovationsmarketing annähert, ist dementsprechend so auszugestalten, daß den in der Vorbereitungszeit des Abnehmers entstehenden Erfordernissen zur Strukturveränderung voll entsprochen wird. Mit diesen Leistungen wird zunächst erreicht, daß das Unternehmen des Abnehmers optimal auf den nachfolgenden System-Implementierungsprozeß hin präpariert wird. Aus diesem Grund wird dieser auf die Vorbereitungszeit gerichtete Leistungsbereich unter den Instrumentbegriff *Präparationspolitik* gestellt.

Damit ist bereits angedeutet, daß der neue Instrumentarbereich Integrationspolitik eine weitere Komponente enthält: die Implementierungspolitik. Dem Instrument der *Implementierungspolitik* werden diejenigen Leistungen der System-Anbieter zugeordnet, die in den nach der Vorbereitungszeit einsetzenden Investitionsprozeß einzubringen sind. Dabei wird davon ausgegangen, daß der Investitionsprozeß in verschiedenen Investitionsschritten vollzogen werden muß. Nach einem jeden Investitionsschritt sind Anpassungen und Korrekturen erforderlich, mit denen das Funktionieren der bereits eingebrachten Systembestandteile gewährleistet wird. Die dazu wahrzunehmenden Aufgaben obliegen, wie auch im traditionellen Investitionsgütermarketing, der Funktionspolitik. Diesem Instrumentarbereich werden nach herkömmlichem Verständnis immer schon diejenigen Leistungen zugeschrieben, die nach vollzogener Investition vom Anbieter zu erbringen sind (vgl. Abschnitt 1 dieses Kapitels).

Demgegenüber setzt die Implementierungspolitik ein, wenn der nächstfolgende Investitionsschritt vorbereitet werden soll. Diese Folge von Funktionspolitik und Implementierungspolitik ist für alle aufeinanderfolgenden Investitionsschritte zu sehen bis hin zur endgültigen Systemlösung (vgl. Abbildung 9).

In der Praxis dürfte es schwierig sein, die für die Phasen zwischen den Investitionsschritten erforderlichen Leistungen von Implementierungs- und Funktionspolitik einwandfrei zu trennen. Es ist vielmehr davon auszugehen, daß die Arbeiten der Nachbereitung (Funktionspolitik) und der Vorbereitung (Implementierungspolitk) ineinandergreifen bzw. zeitlich parallel abgewickelt werden. Sollte sich dieses Bild als realistisch erweisen, dann liegt der Gedanke nahe, beide Leistungsbereiche unter einen Begriff zu stellen. Im Interesse einer normativen Verdeutlichung der in den Investitions-Zwischenphasen auftretenden Erfordernisse und der damit notwendigen Funktionsteilung der vorgestellten Instrumente, bleibt hier zunächst das bislang beschriebene Begriffssystem aufrechterhalten.

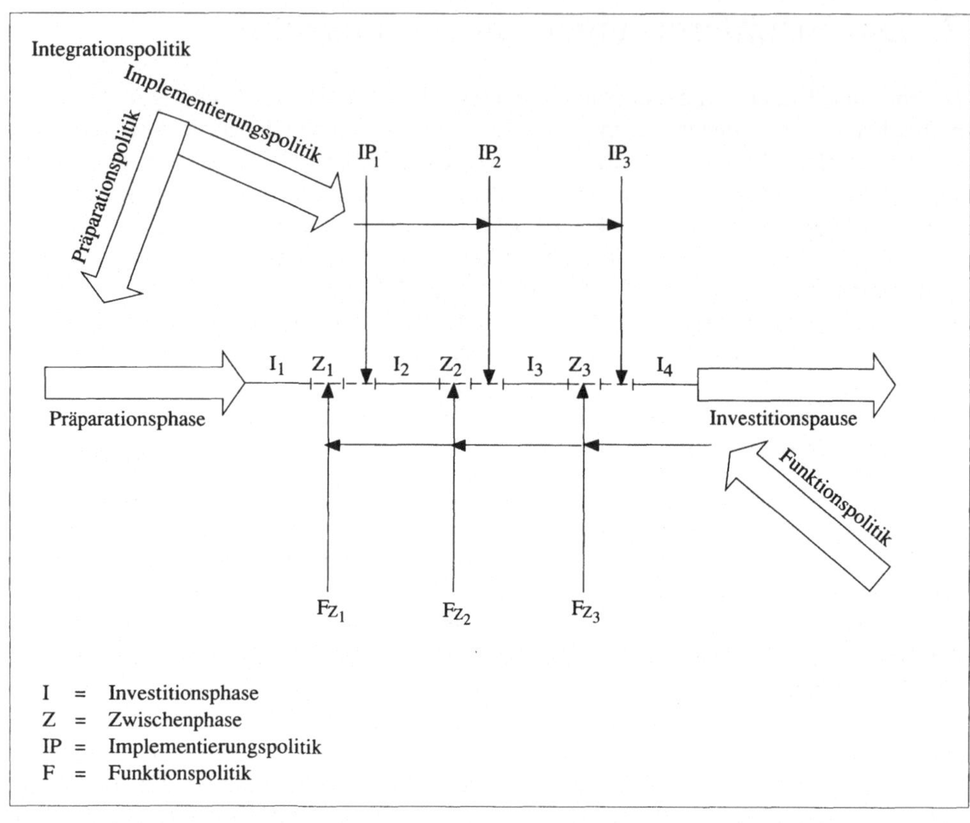

Abb. 9: Integrations- und funktionspolitische Leistungen im Investitionsprozeß

Wesentliches Fazit dieser Betrachtung ist die Forderung nach der Etablierung eines neuen Instrumentarbereiches, nämlich der Integrationspolitik, der mit den Instrumenten Präparationspolitik und Implementierungspolitik seine Konkretisierung findet. Kommt es in der Praxis des Innovationsmarketing zur Wahrnehmung dieses damit angesprochenen Leistungsbereichs, dann hat das für die System-Hersteller entscheidende Vorteile. Sie haben einmal die Möglichkeit, bereits vor Einleitung eines Investitionsprozesses ihre jenseits der Hard- und Softwarelieferung vorhandenen Fähigkeiten unter Beweis zu stellen. Dies geschieht mit der Präparationspolitik. Darüber hinaus erhalten sich die Hersteller mit der Implementierungspolitik ihre Präsenz im anschließenden Investitionsprozeß.

Deutlich wird, daß der neue Instrumentarbereich auf eine langfristige, oftmals über mehrere Jahre währende Zusammenarbeit zwischen dem System-Hersteller und -Abnehmer auszurichten ist. Er deutet auf eine partnerschaftliche Kooperation zwischen beiden Seiten hin. Insofern kommt es bei Wahrnehmung dieses Instrumentarbereiches auch auf die

96

Bereitschaft des Abnehmers an, Leistungsbeiträge in die Integrationspolitik einzubringen. Diese werden zu einem wesentlichen Bestandteil dieses Instrumentarbereiches.

Die Etablierung einer Integrationspolitik hat für beide Seiten – für den System-Hersteller und für den System-Abnehmer – organisationale Konsequenzen. Die mit den sich ergebenden Aufgaben zu betrauenden Fachleute sind in organisatorische Einheiten einzubringen, die in die Marketingorganisation des Anbieters einerseits und in das Beschaffungswesen des Abnehmers andererseits eingeordnet werden müssen. Dies läuft auf neue Konstellationen innerhalb der Buying Center aber auch der Selling Center hinaus. Mutmaßlich wird die damit geforderte organisatorische Konstellation bei den System-Herstellern ihren Anfang nehmen. Sie sind veranlaßt, organisatorisch prägend auf die Abnehmer einzuwirken, damit bei diesen optimal strukturierte Selling Center zustande kommen. Zwischen beiden Gremien wird es in den Vorbereitungszeiten vorwiegend Informationstransaktionen geben. Zur Beschreibung dieser neuartigen Transaktionen erscheinen die bereits behandelten multiorganisationalen Versionen des Interaktionsansatzes geeignet (vgl. Abschnitt 5.3 im II. Kapitel).

Eine konkrete inhaltliche Vorstellung von den unter dem Begriff Integrationspolitik angesprochenen Leistungsbereichen vermittelt die nachstehende Beschreibung der Instrumente Präparations- und Implementierungspolitik.

2.1 Die Präparationspolitik

Mit der folgenden Übersicht soll eine Vorstellung davon vermittelt werden, welche Leistungen im Rahmen der Präparationspolitik in die Vorbereitung des Abnehmer-Unternehmens im Interesse eines Optimalverlaufs des später zu vollziehenden Investitionsprozesses eingebracht werden sollen (vgl. Abbildung 10).

PRÄPARATIONSPOLITIK

- **Entwicklung einer Investitionsstrategie**

  Festlegung der Investitionsschritte
  Fixierung der Investitionszeiträume
  Zeitraumbezogene Investitionsrechnung

- **Verobjektivierung des Technischen Entwicklungsprozesses**

- **Planung der Organisationsanpassung**

- **Auswahl der Investitionsobjekte**

  Zuordnung zu den Investitionszeiträumen
  Präzisierung des Gesamtsystems

- **Methoden der Mitarbeitermotivation**

- **Entwicklung von Qualifizierungsprogrammen**

  Managementschulung
  Spezialistenschulung
  Bediener-/Nutzervorbereitung

- **Klarstellung sozioökonomischer Folgen/Beratung**

Abb. 10: Präparationspolitische Leistungen

Entwicklung einer Investitionsstrategie

Gemeinsam mit dem Abnehmer ist im ersten Schritt eine Grobvorstellung hinsichtlich der zu vollziehenden Investitionsstrategie zu entwickeln. Dabei ist von den Verhältnissen innerhalb des Abnehmer-Unternehmens auszugehen. Insbesondere muß berücksichtigt werden, auf welche Gesamt-Systemlösung der Investitionsprozeß hinauslaufen soll und mit welchen Investitionsschritten das Ziel eines unternehmens-integrierenden Systems erreicht werden kann.

Zwangsläufig muß dabei manches im Unverbindlichen bleiben. Erst mit zunehmender Konkretisierung des Investitionsvorhabens in der Vorbereitungszeit wird sich eine endgültige Systemkonfiguration herausbilden. Davon abhängig sind auch die zu vollziehenden Investitionsschritte rückwirkend neu zu bestimmen. In dieser ersten Phase der Zusammenarbeit zwischen System-Hersteller und dem Abnehmer-Unternehmen kann es also nur darum gehen, normative Richtungen aufzuzeigen, die den Abnehmer in die Lage versetzen, das Investitionsvorhaben zu beurteilen und unter den Aspekten der mit der Investition verbundenen Ziele und auch unter Berücksichtigung des Finanzrahmens zu überprüfen.

Konkreter wird das gesamte Investitionsvorhaben veranschaulicht, wenn es zur *Festlegung* auf einzelne *Investitionsschritte* kommt. Diese sollten tunlichst so gewählt werden, daß der jeweils folgende Schritt eine Rentabilitätsverbesserung des vorangegangenen Investitionsschrittes mit sich bringt. Des weiteren sollte vermieden werden, daß der Investitionsvorgang und die in diesem Rahmen vorzunehmenden Schritte untragbare Störungen der Abläufe innerhalb des Unternehmens verursachen. Schon durch die Präzisierung der Investitionsschritte muß der Abnehmer das Vertrauen gewinnen, daß sein Unternehmen funktionstüchtig bleibt und in keiner Phase des Investitionsprozesses Leistungseinbußen erleidet.

In diesem Zusammenhang stellt sich die für den Abnehmer wohl wesentliche Frage, in welchem Zeitraum die Entwicklung bis zum unternehmens-integrierenden System vollzogen werden soll. Ausgehend von dem Gesamtzeitbedarf müssen dann die Zeiträume bestimmt werden, die für den Vollzug der einzelnen Investitionsschritte erforderlich sind. Es kommt zur *Fixierung der Investitionszeiträume*. Diese sollten möglichst in Jahren ausgedrückt werden, schon, um eine Übereinstimmung der Investitionszeiträume mit den üblichen Planungshorizonten der Unternehmen herbeizuführen. Außerdem entspricht die Jahresbetrachtung den Zeitbezügen des Rechnungswesens.

Gerade letzteres erscheint wesentlich. Eine dem Abnehmer-Unternehmen angepaßte Lösung muß auch dem jährlichen Finanzspielraum Rechnung tragen, der den jeweiligen Investitionsschritt und die Gesamtinvestition ermöglicht. Sollten sich in dieser Phase des Planungsvorganges Divergenzen ergeben, dann sind mutmaßlich Anpassungen des System-Herstellers durch eine Neufestlegung der Investitionsschritte erforderlich. Bei geringeren Finanzspielräumen des Abnehmers ist der Gesamt-Investitionsvorgang zu strekken, falls der Abnehmer nicht von dem Erfordernis höherer Aufwendungen zu überzeugen ist.

Eine derartige Vorgehensweise ermöglicht eine *zeitraumbezogene Investitionsrechnung*. Diese betrifft den einzelnen Investitionsschritt. Mit diesem Vorschlag wird davon ausgegangen, daß erhebliche Schwierigkeiten bestehen, das angestrebte Gesamtobjekt eines unternehmens-integrierenden Systems zum Gegenstand einer Investitionsrechnung zu machen. Die Unsicherheit, mit denen die einzugebenden Werte belastet sind, würden zu einem recht fragwürdigen Gesamtergebnis führen. Demgegenüber ist von „sicheren" Eingabewerten in eine Investitionsrechnung auszugehen, wenn diese nur einzelne Investitionsschritte betreffen. Das gilt insbesondere für die ersten und damit zeitnahen Investitionsschritte.

Auch bei diesem Vorschlag einer zeitraumbezogenen Investitionsrechnung kann es nicht darum gehen, auf eine ein für alle Mal verbindliche Datenkonstellation hinzuwirken. Es ist vielmehr anzustreben, normative Größenordnungen zu ermitteln, anhand derer der spätere Investitionsprozeß bewertet und unter Kontrolle gehalten werden kann. Damit wird den vordringlichen Informationsinteressen des Abnehmers entsprochen, Auskunft über den jährlich entstehenden finanziellen Aufwand zu erhalten und gleichzeitig zu erkennen, wann ein Return on Investment zu erwarten ist.

Bei Existenz einer solchen Rechnung gerät der Hersteller nicht in die Versuchung, sehr leichtfertige Versprechen frühzeitiger Rentabilitätsauswirkungen abzugeben. Er wird vielmehr in die Lage versetzt, anhand eines gemeinsam erarbeiteten Zahlenwerks sein Bemühen zu dokumentieren, in möglichst frühen Phasen des Investitionsprozesses auf positive Rentabilitätseffekte durch eine entsprechende Gestaltung der Investitionsschritte hinzuwirken. Diese Beweisführung gewinnt durch den Hinweis an Glaubwürdigkeit, daß aus der zeitraumbezogenen Investitionsrechnung Kontrollwerte entstanden sind. Die Entwicklung einer Investitionsstrategie im besprochenen Sinne liegt also im beiderseitigen Interesse. Eine eigentlich normative Funktion werden die daraus resultierenden Daten jedoch über die weiteren Etappen der Vorbereitungszeit und der einzelnen Phasen des Investitionsprozesses hinweg nur dann behalten, wenn sich die Beteiligten der Anbieter- und Abnehmerseite über deren Vorläufigkeit und damit Unverbindlichkeit im Klaren sind.

Verobjektivierung des Technischen Entwicklungsprozesses

Insbesondere bei sehr langwierigen Investitionsvorhaben, die auf eine Systemimplementierung hinauslaufen, ist es für den potentiellen Abnehmer von großer Wichtigkeit, über den Verlauf und die Richtung des technischen Entwicklungsprozesses informiert zu werden. Unkenntnis und damit verbundene Unsicherheiten in dieser Hinsicht stellen entscheidende Investitionsbarrieren dar (vgl. Strothmann u.a. 1987a, S. 10). Dem Marketing der System-Hersteller muß daran gelegen sein, Investitionsvorhaben nicht daran scheitern zu lassen, daß eine Aufklärung des Abnehmers bezüglich des technologischen Entwicklungsprozesses nicht stattfindet. Die System-Hersteller müssen sich deshalb zum Anliegen machen, ihre in bezug auf den technischen Entwicklungsprozeß gewonnenen Erkenntnisse insoweit preiszugeben, als sie das in Vorbereitung befindliche System betreffen.

Bei diesem Vorschlag wird davon ausgegangen, daß der Erkenntnisstand des System-Herstellers deutlich höher ist als das Abnehmerwissen. Der System-Hersteller betreibt eigene Forschungs- und Entwicklungsarbeit und ist, was das eigene Haus betrifft, über zu erwartende Entwicklungsergebnisse informiert. Außerdem werden die System-Hersteller ständig darum bemüht sein, ihren Kenntnisstand durch die Verfolgung allgemein zugänglicher Forschungsergebnisse und aus einer Wettbewerbsbeobachtung zu erweitern.

Auf dieses beim Anbieter von Systemen vorhandene Wissen erhebt der Abnehmer Anspruch, wenn er sich zu einer partnerschaftlichen Zusammenarbeit entschlossen hat. Dieser Anspruch ist legitim. Letztlich muß für den System-Abnehmer klargestellt werden, daß ein Investitionsschritt nahtlos an den anderen anschließt und daß bei zunehmendem Systemaufbau keine Kompatibilitätsprobleme entstehen. Des weiteren muß für den Abnehmer – soweit irgend möglich – die Sicherheit gegeben sein, daß bereits vollzogene Investitionen nicht durch den technischen Entwicklungsprozeß revisionsbedürftig werden,

100

wenn ein dem neusten Stand der Technik entsprechendes Gesamtsystem erreicht werden soll.

Für den System-Hersteller resultiert daraus die Forderung, die Ergebnisse eigener Entwicklungstätigkeit insofern transparent und überschaubar zu machen, als sie für den Abnehmer bedeutsam sind. Dies muß zwangsläufig von Rückwirkung auf die Entwicklungstätigkeit selbst sein. Konstruktion und Entwicklung der Hersteller werden vor die Aufgabe gestellt, die Kompatibilität der einzelnen Investitionsschritte zu gewährleisten und Systembestandteile höchstens so zu modifizieren, daß sie dem Stand der Technik durch einfachen Teileaustausch angepaßt werden können. Auf jeden Fall ist zu vermeiden, daß ganze Investitionsschritte obsolet werden.

Planung der Organisationsanpassung

Abzusehen ist, daß die Organisationsstruktur eines Unternehmens durch die Implementierung eines komplexen Systems einer mehr oder weniger starken Veränderung unterworfen wird. Schon der Hinweis auf den funktionsbereichs-übergreifenden Charakter von Systemen läßt darauf schließen, daß die bisherigen Funktionsbereiche der Abnehmer-Unternehmen in der bestehenden Form in Frage gestellt werden oder gar in ihrer Existenz betroffen sind. Im fortschreitenden, systemgerichteten Investitionsprozeß werden die von der Technik bestimmten Abläufe dominant. Sie prägen das Unternehmensgeschehen, insbesondere das Zusammenwirken der verschiedenen Funktionsträger. Daraus läßt sich zunächst ableiten, daß die Technik bzw. das System zur ausschlaggebenden Determinante der Organisation wird, aber auch, daß die Ablauforganisation gegenüber der Aufbauorganisation an Bedeutung gewinnt.

Die mit der Systemimplementierung verbundenen absehbaren Folgen für die Unternehmensorganisation sollten rechtzeitig erkannt und als ein die Vorbereitungsphase betreffender Problembereich behandelt werden (vgl. Kliche/Pörner 1987, S. 245). Das bedeutet die Notwendigkeit, bereits vor Beginn des Investitionsprozesses über ein Grundmuster der Organisation zu verfügen, die sich im Endstadium des Investitionsprozesses als optimale Anpassung an das System herausbilden soll (vgl. Strothmann 1987a, S. 194 f.). Des weiteren bedarf es eines Plans der gleitenden Hinlenkung der Organisation auf den Zustand nach erfolgter Systemeinführung. Bei der Entwicklung eines derartigen Organisationsprozesses können die im Rahmen der Investitionsstrategieplanung herausgebildeten Schritte richtungsweisend sein. Nach einem jeweils abgeschlossenen Investitionsschritt ergibt sich jeweils ein technikbedingter Zustand des Abnehmer-Unternehmens. Diesen technikgeprägten Verhältnissen muß die Organisation folgen. Sie ist also auf die jeweiligen Auswirkungen eines Investitionsschrittes abzustimmen.

Eine derartige Vorgehensweise hat den Vorzug, daß nicht ein abrupter organisatorischer Wandel vollzogen wird. Es kommt vielmehr zu zeitraumbezogenen, d.h. investitionsschrittbezogenen Modifikationen, die in ihrer Summe erst dem Endzustand gerecht werden.

Für die Abnehmer von Systemen ergibt sich aus alledem ein Problem, das zu einer Innovationsbarriere wird, wenn es keiner Lösung zugeführt wird. Müssen künftige System-Investoren doch antizipieren, daß der gewohnte Zustand ihres Unternehmens eine entscheidende Änderung erfährt, die sie ohne entscheidende Hilfestellung der System-Anbieter kaum selbst bewirken können. Das gilt insbesondere für kleine und mittlere Unternehmen innerhalb der potentiellen Abnehmerschaft. Die System-Hersteller sind also gefordert, die Aufgabe der Organisationsberatung wahrzunehmen. Mit dem Abnehmer gemeinsam haben sie die einzelnen Schritte des organisatorischen Wandels parallel zu den Investitionsschritten zu planen und den organisatorischen Endzustand zu beschreiben. Diese Aufgabe fällt eindeutig in die Vorbereitungszeit.

In diesem Zusammenhang kann bereits die Frage aufgeworfen werden, ob es sich bei einer so umfassenden Beratung um eine unentgeltliche oder gegen Honorar zu erbringende Leistung handeln soll. Die Antwort darauf kann nur unter Berücksichtigung der Tatsache gegeben werden, daß die System-Anbieter zunächst einmal einen hohen Aufwand betreiben müssen, ein derartiges Beratungsangebot einbringen zu können. Sie selbst stehen am Anfang der Erfahrung und befinden sich weitgehend in Unkenntnis darüber, welche Organisationsform die der Technik angemessene ist. Darüber sind Erfahrungen zu sammeln und zu systematisieren. Das systematisierte Erfahrungsgut ist dann der Fundus, aus dem die Lösung für den individuellen Einzelfall abgerufen werden kann. Zweifellos ist damit ein Zukunftprojekt angesprochen. Die System-Hersteller sind jedoch gefordert, dies so bald wie möglich anzugehen, damit sie auf einem immer wichtiger werdenden Gebiet keine Wettbewerbsnachteile hinnehmen müssen.

Darüber hinaus sind mit der Technik bewanderte Organisationsfachleute einzustellen und mit den beim Abnehmer anstehenden Beratungsaufgaben zu betrauen. Diese neuen Mitarbeiter werden auch gefordert sein, den Investitionsprozeß beratend zu begleiten und die laufende Organisationsanpassung an dem jeweiligen Investitionsschritt zu betreuen. Sie wirken also über die Vorbereitungszeit hinaus in den Investitionsprozeß hinein.

Schon unter Berücksichtigung dieser Gegebenheiten erscheint es redlich, die in die Vorbereitungszeit und den Investitionsprozeß einzubringende Organisationsberatung als honorierbare Leistung anzuerkennen. Nach vorliegenden empirisch gewonnenen Untersuchungsergebnissen wird sich der Abnehmer dem nicht verschließen, wenn er von der Notwendigkeit der Organisationsentwicklung und der darauf gerichteten Beratung überzeugt worden ist.

In diesem Zusammenhang muß zwangsläufig noch ein Blick auf die im wissenschaftlichen Bereich angesiedelte Organisationslehre der Betriebswirtschaftslehre gerichtet werden. Es hat den Anschein, als ob die in der Theorie vertretenen Organisationsmodelle den Technik geprägten Erfordernissen nicht mehr entsprechen. Es stellt sich überhaupt die Frage, ob Standardmuster der Organisation gegenwärtig anwendbar sind, wenn individuelle Systemlösungen unternehmensangepaßt installiert werden, die ihrerseits individuelle organisatorische Anpassungen herausfordern. Stellt man eine Vermutung über die weitere Entwicklung dieser Disziplin an, dann wird absehbar, daß sich die wissenschaftliche Organisationslehre der allgemeintheoretischen Verarbeitung von Praxislösungen zu verschreiben hat. Das bedeutet eine verstärkte Hinwendung zur empirischen Aufnahme von Praxisfällen, anhand derer technikangepaßter Organisationswandel und daraus resultierende Organisationsstrukturen beschreibbar sind. Werden diese Praxisfälle einer systematisierten Kategorisierung zugeführt, dann lassen sich unter Umständen Bedingungskonstellationen erkennen, unter denen optimale und nicht-optimale Organisationsformen entstehen. Der Weg zum Rezept wäre damit beschritten.

Bei alledem soll nicht übersehen werden, daß jegliche Organisation nicht ausschließlich an den Belangen der Technik orientiert werden kann. Die Forderung ist unabdingbar, daß der von Technik und Organisation betroffene Mensch bei allen Planungen und Umsetzungen angesichts der gezeichneten Technikdominanz nicht in Vergessenheit gerät. Die zu entwickelnde Organisationsform muß auf einem austarierten Konzept bestehen, das den Belangen des an der Technik wirkenden Menschen ebenso Rechnung trägt wie der ihn umgebenden Technik. Eindeutig ist, daß damit ein diffiziles und äußerst komplexes Aufgabenfeld zur Diskussion gestellt wird. Sowohl die Praxis als auch die einseitig ausgerichtete Wissenschaft sind in Anbetracht der Aufgabenfülle überfordert. Es erscheint notwendig, die Entwicklung von Lösungen einer intensiven Kooperation von Praxis und interdisziplinär besetzten Forschungsteams anzuvertrauen.

Auswahl der Investitionsobjekte

Die bisherige Betrachtung der in der Vorbereitungszeit wahrzunehmenden Aufgaben hat deutlich gemacht, daß sowohl das Endziel der Investition, nämlich das unternehmensintegrierende System als auch die vorgelagerten Investitionsschritte Gegenstand der Planung sind. Diese auf das Gesamtsystem und die dahinführenden Investitionsschritte gerichtete Sicht bleibt aufrechterhalten, wenn es um die Festlegung der Systemkomponenten bzw. -elemente geht, die in die einzelnen Phasen des Investitionsprozesses eingebracht werden sollen. Primär diktiert das angestrebte Gesamtsystem das vorausgehende Investitionsgeschehen, also auch die mit jedem Investitionsschritt einzubringenden Teilsysteme. Die Reihenfolge, in der diese Systembestandteile zur Investition anstehen, ist jedoch ausschlaggebend für ihr Funktionieren nach einem jeden Investitionsschritt. Auch die Rentabilitätsauswirkung der Teilinvestitionen dürfte entscheidend davon abhängen, ob der später erfolgende Investitionsschritt einen optimalen Ausbau des Teilsystems ermöglicht hat, das in der vorausgegangenen Investitionsphase entstanden ist. Gelingt die richtige Auswahl von Teilsystemen und Systemkomponenten und deren Zuordnung zu den einzelnen Investitionsschritten, dann wird ein organischer Systemaufbau über den gesamten Investitionsprozeß hinweg erreicht. Es ist dann zu erwarten, daß bereits in frühen Phasen des Prozesses ein Return on Investment zu verzeichnen ist.

Eine sukzessive Einführung von Teilsystemen in optimal aufeinander abgestimmten Investitionsschritten erleichtert auch die erforderliche Anpassung des Gesamtunternehmens und seiner Mitarbeiter an die jeweils nach einem Investitionsschritt errreichte Teilsystemkonfiguration und letztlich an die System-Gesamtlösung.

Die Aufgabe der Zuordnung von Teilsystemen und Komponenten zu den einzelnen Investitionsschritten sollte in der Vorbereitungszeit wahrgenommen werden. Sie obliegt den technischen Systemspezialisten des Hersteller-Unternehmens sowie den Experten auf der Abnehmerseite.

Vor diesem Planungsprozeß hat eine Beurteilung des bereits im Abnehmer-Unternehmen vorhandenen Maschinen- und Gerätebestandes stattzufinden. Dabei ist klarzustellen, welche der vorhandenen Einrichtungen geeignet sind, Bestandteile des geplanten Systems zu werden. Insbesondere sind sogenannte Einstiegstechnologien ausfindig zu machen, die zum Ausgangspunkt der Systemimplementierung werden können. Geeignete Einstiegstechnologien im Fertigungsbereich sind CAD-Systeme, Produktionsplanungs- und -steuerungssysteme sowie NC- oder CNC-gesteuerte Werkzeugmaschinen. Für den Büro- und Verwaltungsbereich ist es schwieriger, typische Einstiegstechnologien zu identifizieren. Eventuell sind DV-Anlagen, Telefonanlagen einer höheren technischen Hierarchie oder vernetzte PC's als solche zu erkennen.

Bei Berücksichtigung der bereits vorhandenen Systembestandteile kann die Frage aufkommen, ob diese unter dem Aspekt einer optimalen Systemlösung erhalten bleiben sollen oder nicht. Diktiert die präzisierte Endform des Gesamtsystems nicht unter Umständen einen Austausch mit systemgeeigneteren Systemkomponenten? Die Antwort des verantwortungsbewußten System-Herstellers kann nur lauten, dem Abnehmer-Unternehmen soviel wie möglich an bisheriger Ausstattung zu erhalten. Allerdings darf dieses Bemühen nicht auf Kosten eines dem modernen Stand der Technik entsprechenden optimal funktionierenden Gesamtsystems gehen.

Bislang wurden ausschließlich diejenigen Leistungen der System-Hersteller besprochen, die im Interesse der Systemlösung und der Systemanpassung der abnehmenden Unternehmungen in die Vorbereitungszeit eingebracht werden müssen. Weitere Leistungen sind erforderlich, um die Mitarbeiter der Abnehmer-Unternehmen auf die Systeme und die dadurch geschaffenen Unternehmensverhältnisse einzustimmen und mit diesen zu harmonisieren. Diese damit angesprochenen Aufgaben der Präparationspolitik werden im folgenden abgehandelt.

Methoden der Mitarbeitermotivation

Die Mitarbeiter in den Unternehmen der System-Abnehmer werden eine unterschiedliche Einstellung zu einer Investitionsabsicht haben, die auf die Implementierung eines unternehmens-integrierenden Systems hinausläuft. Sicherlich wird ihre Haltung von ihrer

Qualifikation und beruflichen Vorbildung abhängig sein, aber auch von ihrer Einstellung zur modernen Technik generell. Es kommt darauf an, diese Einstellungen in den verschiedenen Funktionsbereichen und Ebenen eines Unternehmens kennenzulernen, um in richtiger Weise durch geeignete Maßnahmen auf die Systemeinführung hin motivieren zu können.

Unterbleibt eine derartige Mitarbeitermotivation, dann ist davon auszugehen, daß die Mitarbeiter nur widerwillig neue Aufgaben übernehmen, die sich aus der Systemimplementierung ergeben. Dabei ist auch zu sehen, daß die bisherigen Funktionseinheiten eines Unternehmens aufgelöst werden. Damit ist unter Umständen für den einzelnen Mitarbeiter das Erfordernis zu sehen, in anderen als den gewohnten organisatorischen Einheiten zu arbeiten. Das bedeutet gleichzeitig, daß gewohnte menschliche Bezüge abhanden kommen. Insbesondere ältere Arbeitnehmer, die bereits viele Jahre in einem Unternehmen arbeiten, besitzen nicht mehr die hinreichende Flexibilität, ohne weiteres das gewohnte Tätigkeitsfeld zu wechseln und andere als die bisherigen Arbeiten zu verrichten.

Die hier nur angedeutete Problemfülle sollte in einer Zusammenarbeit zwischen Wissenschaft und Praxis analysiert und in ein Motivationskonzept eingebracht werden. Unter Mitwirkung von Psychologen sind dann Motivationsprogramme zu entwickeln, mit denen System-Hersteller als Bestandteile ihres Leistungsprogramms aufwarten können. Die in der Praxis anzustellenden Beobachtungen deuten darauf hin, daß viele Systemeinführungen beeinträchtigt werden, weil sie auf Gegenpositionen derjenigen stoßen, die mit den Systemen umzugehen haben bzw. von diesen betroffen sind (vgl. Strothmann u.a. 1987a, S. 10). Wichtig erscheint deshalb, daß eine Mitarbeitermotivation nicht erst stattfindet, wenn der Investitionsprozeß eingeleitet ist. Es muß vielmehr dafür Sorge getragen werden, daß eine bereits motivierte Mitarbeiterschaft an der Systemimplementierung beteiligt werden kann. Insofern gehört die Mitarbeitermotivation zu den Aufgaben der Vorbereitungszeit.

Entwicklung von Qualifizierungsprogrammen

Die System-Hersteller stehen vor der Aufgabe, Qualifizierungsprogramme zu entwickeln und deren Inhalte in der Vorbereitungszeit in die Unternehmen der System-Abnehmer einzubringen. Dabei geht es um die Qualifizierung auf allen Ebenen.

Zunächst ist eine *Managementschulung* durchzuführen. Eine derartige Schulung ist so anzulegen, daß das Management eine zunehmende Entscheidungssicherheit gewinnt. Die anstehenden Entscheidungen setzen eine Fülle von Kenntnissen voraus. Sie betreffen einmal die Technik der Systeme, aber auch alle mit der Systemimplementierung verbundenen Probleme für das eigene Unternehmen. Das Management muß sich für alle bereits besprochenen Leistungen der Präparationspolitik eine Beurteilungsfähigkeit erschließen. Letztlich müssen die beteiligten Angehörigen des Managements ein treffsicheres Urteil fällen können, welcher Hersteller mit der Systemetablierung in ihrem Unternehmen beauftragt werden soll. Diese Entscheidung fällt im Zweifel erst gegen Ende der Vorbereitungszeit.

Die Entwicklung von Programmen zur Managementschulung muß auf die unterschiedlichen Informationsanliegen von technisch vorgebildeten und mehr kaufmännisch ausgerichteten Fachleuten abgestimmt werden. Dabei ist keiner der notwendigen Informationsbereiche zu vernachlässigen, zumal anzunehmen ist, daß jeder Entscheidungsbeteiligte die für den anderen wichtigen Entscheidungskriterien zu seinen eigenen machen möchte. Dennoch sind Akzente in der Form zu setzen, daß die technischen Beurteilungskriterien mehr zu Inhalten von Qualifizierungsprogrammen für das technische Management gemacht werden. Demgegenüber werden beim kaufmännischen Management in stärkerem Maße betriebswirtschaftliche Themen programmbeherrschend sein.

Wenn die Managementqualifizierung als eine Aufgabe der Vorbereitungszeit betrachtet worden ist, dann wird übersehen, daß eine vorherige Grundsatzentscheidung in bezug auf die Beschäftigung mit einer Systemimplementierung getroffen wurde. Außerdem ist bereits am Ende des der Vorbereitungszeit vorausgehenden Entscheidungsprozesses der Partner bestimmt worden, der das Unternehmen auf den Investitionsprozeß vorbereiten soll. Vor diesem Hintergrund stellt sich die Frage, ob das Management nicht bereits vor der Vorbereitungszeit in Qualifizierungsseminare einbezogen werden muß, die es zum Treffen von Grundsatzentscheidungen befähigt. Diesen Erfordernissen kommen bereits zahlreiche System-Hersteller nach, indem sie Seminare anbieten, zu denen auch Manager eingeladen werden, die mit dem Systemgedanken vertraut gemacht werden sollen. Teilweise haben diese Seminare werblichen Charakter. Mit ihnen sollen systemgerichtete Entscheidungsprozesse initiiert werden.

In Anbetracht der Bedeutsamkeit einer Systemimplementierung werden die Manager der abnehmenden Unternehmen sowohl an der Vorbereitungszeit beteiligt sein, aber auch den System-Implementierungsprozeß begleiten. Es ist anzunehmen, daß immer wieder Situationen entstehen, in denen Entscheidungen zu treffen sind, die einen hinreichenden Kenntnisstand und ein entsprechendes Beurteilungsvermögen voraussetzen. Insofern muß das Management auf eine Permanent-Information über die in der Vorbereitungszeit gemachten Erfahrungen und über die im Investitionsprozeß vollzogenen Schritte und deren Folgen bedacht sein. Das bedeutet jedoch nicht die vollständige Einbeziehung des Managements in alle systembedingten Vorgänge innerhalb des Unternehmens. Dem Management muß vielmehr daran gelegen sein, seine traditionellen Aufgaben der Unternehmensführung wahrnehmen zu können. Dieses fordert die Delegation zahlreicher Aufgaben auf Spezialisten heraus.

Damit stehen die System-Hersteller vor einer weiteren Qualifizierungsaufgabe, nämlich der *Spezialistenschulung*. Mit einer derartigen Ausbildung von Spezialisten schaffen sich die System-Hersteller die Partner, mit denen sie in der Vorbereitungszeit zusammenarbeiten und danach den System-Implementierungsprozeß betreiben. Damit wird bereits zum Ausdruck gebracht, daß die Aufgabe der Spezialistenschulung am Anfang der Vorbereitungszeit wahrgenommen werden muß.

Es ist als eine offene Frage anzusehen, wer als der geeignete Spezialist für Fragen einer Systemimplementierung anzusehen ist. In größeren Unternehmen wird es investitionsgeübte Fachleute der mittleren Führungsebene geben, die bereits an technischen Investitionen komplexer Art beteiligt waren. Für kleinere und mittlere Unternehmen ist ein Defizit an derartigen Fachleuten zu unterstellen. Sicherlich verfügen die System-Hersteller über Erfahrungen hinsichtlich der optimalen Zusammensetzung von Spezialisten-Teams auf der Abnehmerseite. Sie sollten diese Erfahrungen an den Abnehmer herantragen und so auf die Zusammensetzung des ihnen zur Verfügung gestellten Teams im Interesse einer partnerschaftlichen Zusammenarbeit in der Vorbereitungszeit und bei der Systemimplementierung hinwirken.

Die Zusammensetzung des Kreises der zu schulenden Spezialisten wird sich also erst im Individualfall herausstellen. Es dürfte sich um DV-Spezialisten, Fertigungs- und Organisationsfachleute, Mitarbeiter des Personal- und Finanzbereiches handeln. Ebenso unverbindlich müssen Hinweise sein, die auf die Inhalte der Qualifizierungsprogramme zielen. Bei deren Gestaltung ist davon auszugehen, daß auch die Partner der Spezialistenebene auf umfassende Information über alle mit der Systemimplementierung zusammenhängenden Probleme Wert legen, daß sie jedoch darüber hinaus einen spezifischen Informationsbedarf haben, der aus der von ihnen wahrzunehmenden Rolle im System-Implementierungsprozeß resultiert.

Eine besondere Bedeutung kommt der *Bediener-/Nutzervorbereitung* auf die Systemeinführung und auf die dadurch bedingten Veränderungen der Arbeitsvorgänge zu. Diese muß so rechtzeitig erfolgen, daß die Bediener bzw. Nutzer vor Beginn des ersten Investitionsschrittes voll in der Lage sind, mit ihrer Arbeit die Funktionstüchtigkeit der Systemkomponenten zu gewährleisten. Nur so werden Stillstandszeiten vermieden, die als Folgen zu spät einsetzenden Systemtrainings zu verzeichnen sind.

An dieser Stelle ist die verbreitet geübte Praxis zu kritisieren, Bediener und Nutzer erst dann zu schulen, wenn der Investitionsprozeß in vollem Gang ist und das Schulungsequipment bereits innerhalb der Abnehmer-Unternehmen zur Verfügung steht. Diese Vorgehensweise ist unter den Verhältnissen einfacher und leicht handhabbarer Techniken legitim. Sie führt jedoch zu gravierenden Rentabilitätseinbußen, wenn komplexere Systeminvestitionen getätigt werden. An diesem Punkt zeigt sich deutlich, daß Gepflogenheiten des traditionellen Investitionsgütermarketing nicht ohne weiteres auf das hier diskutierte Innovationsmarketing übertragen werden können.

Auf jeden Fall ist sicherzustellen, daß die Bediener-/Nutzerschulung praxiskonform verläuft. Davon ausgehend haben die System-Hersteller ein Training am System zu organisieren. Es fragt sich, ob dafür zentrale Ausbildungsstätten geschaffen werden oder ob vorweggenommene Installationen von Teilsystemen innerhalb der Abnehmer-Unternehmen im Bereich des Möglichen liegen. Die zentrale Ausbildungsstätte hat den

Vorteil, daß sie die Möglichkeit zur Einrichtung eines Gesamtsystems bietet. Der Nachteil liegt darin, daß es sich dabei kaum um eine Systemlösung handeln kann, die den individuellen Gegebenheiten eines Abnehmer-Unternehmens entspricht. Demgegenüber ist mit der Vorinvestition von Teillösungen beim Abnehmer die Möglichkeit verbunden, bereits spezifische Anwenderbedingungen zu berücksichtigen und ein Anfangsstadium für die System-Gesamtlösung zu schaffen. Dies setzt jedoch die Bereitschaft des jeweiligen Abnehmers voraus, bereits in der Vorbereitungszeit konkreten Investitionen zuzustimmen.

Zweifellos stehen die Maßnahmen der Mitarbeitermotivation und -qualifizierung in einer Wechselwirkung. Es ist davon auszugehen, daß Information und Unterrichtung Motivation schafft. Umgekehrt wird eine vorherige Mitarbeitermotivation Bereitschaft erzeugen, sich mit größerem Engagement in einen Qualifizierungsprozeß hineinzubegeben. Insofern ist Motivation und Qualifizierung als Ganzes zu sehen. Beide Aufgaben sind als Leistungen im Rahmen der Präparationspolitik zu profilieren, jedoch in der Ausführung miteinander zu verbinden.

Klarstellung sozioökonomischer Folgen/Beratung

Die im Zusammenhang mit einer Systemimplementierung entstehenden sozioökonomischen Folgen werden zunehmend mehr zu einem Erfahrungsgut der Hersteller. An diesen bei ihren Partnern auf der Anbieterseite angereicherten Erfahrungen wollen und müssen die System-Abnehmer partizipieren.

Systemfolgen können sich einmal für das investierende Unternehmen selbst ergeben. Jenseits oder im Umfeld des Unternehmens sind aber auch Auswirkungen auf Wirtschaft und Gesellschaft zu verzeichnen. Zunächst zu den internen Folgen:

Diese können darin bestehen, daß Systemeinführungen Personalveränderungen mit sich bringen. Die bisher gemachten Erfahrungen zeigen, daß oftmals Mitarbeiter, die einfachere Tätigkeiten ausüben, nicht mehr im bisherigen Umfang benötigt werden. Mit Blick auf diese Mitarbeiter stellt sich die Frage, ob sie entlassen werden müssen oder an anderer Stelle des Unternehmens Verwendung finden können. Letzteres ist anzustreben. Sind Entlassungen nicht zu vermeiden, dann entstehen im allgemeinen Kosten für die Abfindung der Mitarbeiter, die im Zusammenhang mit den systemverursachten Investitionsbeträgen zu sehen sind. Werden die Mitarbeiter demgegenüber anderweitig innerhalb des Unternehmens verwendet, dann müssen diese wahrscheinlich umgeschult werden, was ebenfalls Kosten verursacht.

Eine andere systembedingte Auswirkung ist darin zu sehen, daß neue Fachspezialisten eingestellt werden müssen, die am Arbeitsmarkt nur begrenzt verfügbar sind. Es ist anzunehmen, daß derartige Fachkräfte gehaltlich recht hoch eingestuft werden müssen. Das wiederum sprengt den Rahmen des bisher Üblichen und löst unter Umständen Konflikte mit dem Betriebsrat und den übrigen Mitarbeitern aus.

Gravierender als quantitative Veränderungen im Mitarbeiterbestand sind unter Umständen höhere und andersartige Qualifikationsanforderungen an die bisher im Unternehmen Tätigen. Im Zusammenhang mit den Qualifizierungsprogrammen wurde bereits darauf eingegangen. Es konnte im Ansatz aufgezeigt werden, in welcher Weise die System-Hersteller zur Lösung dieser Probleme beitragen können. Erörtert wurde auch, wie Organisationsveränderungen wirken. Sie können dazu führen, daß die Mitarbeiter nach der Systemeinführung nicht mehr in ihrem gewohnten Bereich arbeiten und auch andersartige hierarchische Einstufungen hinzunehmen haben.

Letztlich ist der Unternehmer selbst zu sehen, der bei einer Systemimplementierung die wohl gravierendste Veränderung seines Unternehmens tolerieren muß. Dies ist insbesondere für mittelständische Gründerunternehmer eine nicht leicht zu überwindende Barriere, eine systemgerichtete Entscheidung zu treffen. Es kommt deshalb darauf an, Unternehmern und Management die Systemtechnik so nahezubringen, daß aus ihr schließlich ein neues, aber bereits vertrautes Umfeld resultiert.

Die System-Hersteller werden derartige Folgen in den von ihnen bearbeiteten Fällen kennengelernt haben. Sie werden wissen, auf welche Weise eine Folgenbewältigung stattfinden kann. Die so gemachten Erfahrungen gilt es zu systematisieren und in ein Beratungsangebot einzubringen.

In gleicher Weise sind die System-Hersteller aufgerufen, ihre Abnehmer hinsichtlich der externen Folgen des Systemeinsatzes zu beraten. Dabei ist primär der Absatzmarkt der Abnehmer-Unternehmen zu beleuchten. Es stellt sich die Frage, inwieweit die Systemtechnik nur bei größeren Produktionsmengen rentabel ist. Auch veränderte Produktqualitäten können das Ergebnis einer Inbetriebnahme von Systemen sein. Davon ausgehend ist die Aufnahmefähigkeit des Absatzmarktes zu prüfen und auch die Bereitschaft der Kunden, Produkte in einer systembedingten Modifikation zu kaufen.

Weitere Negativfolgen können sich in Form der Erhöhung des Rohstoffbedarfs bzw. einer vom System ausgehenden Umweltbelastung ergeben. Dies ist zumindest zu erörtern, obgleich die Erfahrungen in eine andere Richtung weisen. Markantes Merkmal von Systemen ist im allgemeinen die Energie- und Rohstofferersparnis sowie aufgrund verbesserter Meßtechnik und Sensorik die Möglichkeit zur Herabsetzung schadhafter Emissionen, d.h. der geringeren Umweltbelastung. Ist letzteres der Fall, dann erschließen sich für den System-Investor gute Argumente, eine Systemeinführung zum Gegenstand von PR-Maßnahmen zu machen.

Die Betrachtung verdeutlicht, daß die System-Hersteller gut daran tun, die angesprochenen sozioökonomischen Folgen in ihr präparationspolitisches Leistungsprogramm einzubeziehen. Wenn denkbare Systemeinsatzfolgen in der Vorbereitungszeit abgehandelt werden, dann haben die Hersteller Gelegenheit, etliche bis dahin unpräzisierte Innovationsbarrieren abzubauen. Gleichzeitig können sie aber auch überzeugende Argumente vortragen, die für eine Systemeinführung sprechen. Diese liegen primär auf dem Gebiet der externen Folgen, die weitgehend positiver Natur sind.

In den obenstehenden Ausführungen zur Präparationspolitik wurde dargestellt, welche Leistungsbereiche von den System-Herstellern einzurichten sind, damit sie als Partner des Abnehmers in die Gestaltung der Vorbereitungszeit einbezogen werden. Nachfolgend wird mit der Implementierungspolitik die zweite Komponente der Integrationspolitik beschrieben.

2.2 Die Implementierungspolitik

Neben der Präparationspolitik ist die *Implementierungspolitik* das zweite Instrument innerhalb des Instrumentarbereiches Integrationspolitik. Es wurde bereits deutlich gemacht, daß die Präparationspolitik ausschließlich in die Vorbereitungszeit der Abnehmer hineinwirkt (vgl. Abschnitt 2 dieses Kapitels). Demgegenüber handelt es sich bei der Implementierungspolitik um Maßnahmen, die zur Vorbereitung der einzelnen Schritte in dem sich anschließenden Investitionsprozeß dienen (vgl. die Abb. 9 in Abschnitt 2 dieses Kapitels).

Es wird davon ausgegangen, daß es sich bei der Implementierungspolitik weitgehend um die gleichen Leistungen handelt, die im vorstehenden Abschnitt zur Präparationspolitik abgehandelt wurden. Insofern kann auf eine Wiederholung des Dargelegten verzichtet werden. Bei einer abgerundeten Vorbereitung des Abnehmers auf das Investitionsgeschehen ist anzunehmen, daß es sich bei der Implementierungspolitik um eine Präparationspolitik im „kleineren" Zuschnitt handelt. Es ist zu unterstellen, daß die Vorbereitung auf einen Investitionsschritt nicht so umfassend und langwierig sein wird, wie es bei der eigentlichen Vorbereitungszeit auf das gesamte Investitionsgeschehen der Fall sein wird. Dies gilt insbesondere bei einer hohen Qualität präparationspolitischer Leistungen.

Die Analogien zwischen Präparationspolitik und Implementierungspolitik sind unverkennbar. Dennoch soll die Abgrenzung zwischen beiden Instrumenten aufrechterhalten werden. Sie weist die System-Hersteller darauf hin, daß auch in den Investitionsprozeß Leistungen einzubringen sind, um jeden Investitionsschritt richtig anzugehen. Dabei sind die Erfahrungen zu nutzen, die aus der jeweils vorangegangenen Investitionsphase resultieren.

Die Implementierungspolitik ist, wie bereits dargelegt, auch im Zusammenhang mit einer phasenbezogenen Funktionspolitik zu sehen. Die Funktionspolitik berücksichtigt Unzulänglichkeiten des Investitionsgeschehens. Sie hat diese nach jedem Investitionsschritt zu beseitigen. So könnte sich herausgestellt haben, daß nachträgliche Softwareanpassungen

110

erforderlich sind oder ein Nachholbedarf in Schulung und Training besteht. Dieses „Nachholen" wird von der Funktionspolitik vollzogen. Erst, wenn der antendierte Ideal-zustand erreicht ist, wird die nächste Investitionsphase vorbereitet. Die dazu erforderlichen Aufgaben sind Angelegenheit der Implementierungspolitik.

3. Das Zusammenwirken von Integrations- und Funktionspolitik

Integrationspolitik als neuer Instrumentarbereich des Innovationsmarketing ist, ausgehend von einer anzustellenden Kostenbetrachtung, in engem Zusammenhang mit der Funktionspolitik zu sehen. Das Erfordernis funktionspolitischer Leistungen ergibt sich zu einem nicht unerheblichen Teil aus Unzulänglichkeiten der in die Abnehmer-Unternehmen eingebrachten Investitionsgüter und aus Leistungsmängeln im Anpassungsprozeß dieser Erzeugnisse an die Anwendungsbedingungen der Abnehmer. Erst durch eine nach erfolgtem Kaufentscheid erbrachte Funktionspolitik wird die Stimmigkeit zwischen der Produktauslegung und Anpassung an die Ziele hergestellt, die der Abnehmer mit der Investition verfolgte. Dies gilt im wesentlichen für die Funktionspolitik im traditionellen Investitionsgütermarketing.

Im Innovationsmarketing erhält die Funktionspolitik insoweit zusätzliche Aufgaben, als sie nach jedem vollzogenen Investitionsschritt Platz greift, damit die gewollte Übereinstimmung zwischen dem durch die eingebrachte Hard- und Software geschaffenen Zustand und dem mit dem Investitionsschritt Angestrebten hergestellt wird. Dabei ist davon auszugehen, daß der funktionspolitische Kostenaufwand um so höher sein wird, je größer die Diskrepanzen zwischen dem nach einem Investitionsschritt erreichten Ist-Zustand und dem angestrebten Soll sind. Es ist deshalb auch Aufgabe der Integrationspolitik, den funktionspolitischen Leistungsaufwand möglichst niedrig zu halten. Dies wird immer dann möglich sein, wenn durch eine gründliche Vorbereitung des gesamten Investitionsvorhabens und des einzelnen Investitionsschrittes eine weitgehende Annäherung des faktischen Investitionsergebnisses an das jeweils geplante Ziel erreicht wird. In diesem Fall werden hohe Kosten für die Integrationspolitik durch einen niedrigeren funktionspolitischen Aufwand kompensiert.

Diese Sichtweise ist für die System-Hersteller nicht ohne Belang, die sich dem Aufbau integrationspolitischer Leistungsbereiche zuwenden. Sie können sich dieser Aufgabe unter der Einsicht stellen, daß ein später auftretender Kostenaufwand eingespart wird als Auswirkung zuvor erbrachter Leistungen, mit denen die Voraussetzungen für einen optimal verlaufenden Implementierungsprozeß geschaffen werden. Inwieweit diese Erkenntnis bei der Kalkulation der Investitionsbeträge Berücksichtigung findet, bleibt den System-Herstellern überlassen bzw. der individuell zu führenden Preisverhandlung.

Zusammenfassend kann ausgesagt werden, daß eine hohe Leistung der Integrationspolitik zunächst eine Garantie für die Abnehmer bedeutet, ein zielgerechtes Investitionsergebnis zu erreichen. Es lohnt sich darüber hinaus, unter Kostenaspekten darüber nachzudenken, wie weit diese Leistungen letztendlich auch zu einer günstigeren Kostenbilanz der System-Hersteller beitragen. Diese damit zu sehenden Kostenvorteile werden weitgehend davon abhängen, inwieweit es den Herstellern gelingt, angemessene organisatorische Lösungen zu finden, die Voraussetzung zur Wahrnehmung integrationspolitischer Leistungen sind. Auf diese wird im folgenden kurz eingegangen.

4. Zur Organisation der Integrationspolitik

Integrationspolitik bedeutet im Kern die Wahrnehmung von Beratungs- und Schulungsaufgaben. Diese sind in einem deutlich umfassenderen Umfang wahrzunehmen, als es die System-Hersteller bislang gewohnt sind. Im bislang geübten Investitionsgütergeschäft wurde Beratungsleistung in den Entscheidungsprozeß eingebracht. Die Personalschulung war eine Angelegenheit der Funktionspolitik nach getroffenem Kaufentscheid (vgl. Strothmann 1979, S. 190). Wie die vorstehende Darstellung der präparationspolitischen Leistungen zeigt, geht das für die Vorbereitungszeit Geforderte weit über das bislang Übliche hinaus.

Für die System-Hersteller ergibt sich damit die Aufgabe, entsprechende präparations- und implementierungspolitische Leistungsbereiche aufzubauen und diese in ihre Marketingorganisation einzubringen. Dabei ist das Problem relativ hoher Fixkosten zu sehen, wenn eigene Abteilungen mit Fachleuten eingerichtet werden, die integrationspolitische Leistungen zu erbringen haben. Für die Verhältnisse von Großunternehmen erscheint dies jedoch die geeignete Lösung, obwohl auch diese vor relativ großen Schwierigkeiten stehen, wenn es um einen derartigen Ausbau der Marketingorganisation geht.

Noch schwieriger dürfte es für kleinere und mittlere System-Anbieter sein, obwohl diese in ihrer Mehrheit lediglich Systembestandteile anbieten, die ohnehin in die Systemlösung eines größeren Generalanbieters einbezogen werden. In diesem Fall obliegt die Wahrnehmung der Integrationspolitik dem größeren Partner. Treten kleine und mittlere Unternehmen eigenständig mit kompletten Lösungen am Markt auf, dann ist ein Marketinginteresse an kleineren Segmenten zu unterstellen. Die quantitative Auslegung der integrationspolitischen Leistungsbereiche ist dementsprechend den geringen Anzahlen potentieller Abnehmer anzupassen.

Im übrigen sollten alle Beteiligten sehen, daß sich hier eine Möglichkeit zur Kooperation mit unabhängigen Beratungsfirmen eröffnet. Dies bedeutet die Lösung, das Leistungsangebot von Beratern auf dem Gebiet der Integrationspolitik mit zum Gegenstand des eigenen Markting zu machen und auf diese Weise die Etablierung von Fixkostenblöcken zu vermeiden. Allerdings muß gesehen werden, daß derartige Beratungsfirmen nicht in allzu großer Zahl zur Verfügung stehen. Vielleicht sehen viele Berater hier eine Zukunftschance und wenden sich verstärkt der Wahrnehmung integrationspolitischer Leistungen zu, um zu geeigneten Partnern von System-Herstellern zu werden.

Auch bei dieser Partnerwahl dürften große System-Hersteller gegenüber den kleinen und mittleren Anbietern im Vorteil sein. Den Großunternehmen der Anbieterseite wird es eher gelingen, die besten Partner auszuwählen und an sich zu binden. Sicherlich wird die Zukunft in dieser Hinsicht interessante Entwicklungen bringen. Es dürfte im Interesse des Technologie-Durchsetzungsprozesses liegen, daß sich neue Dienstleistungsbereiche etablieren, die dem Instrumentarbereich Integrationspolitik den eigentlichen Inhalt geben, jenseits der Möglichkeiten, die von den Herstellern selbst wahrgenommen werden.

Es ist abzusehen, daß die Existenz eines neuen Instrumentarbereichs nicht ohne Auswirkung auf die Kommunikationspolitik bleiben wird. In welcher Weise kommunikationspolitische Maßnahmen die Integrationspolitik inhaltlich zu berücksichtigen haben, wird im folgenden Kapitel untersucht. Zunächst wird jedoch das wesentliche Fazit aus der vorstehenden Abhandlung gezogen: Im Systemgeschäft ist der neue Instrumentarbereich Integrationspolitik in das Marketing aufzunehmen (vgl. hierzu die Darstellung in der Zusammenfassung dieses Buches).

VI. Kapitel

Auswirkungen auf die Kommunikationspolitik

Gegenstand dieses Kapitels ist die Kommunikationspolitik im Investitionsgütermarketing. Dabei geht es primär um die Ausrichtung kommunikationspolitischer Maßnahmen, wie Verkaufspolitik, Werbung und Messegestaltung an den Gegebenheiten der Systemtechnik. Diese Instrumente sind jedoch nicht losgelöst von den Informationswegen zu sehen, die von den System-Abnehmern genutzt werden, um Sicherheit in risikobelasteten, systemgerichteten Entscheidungen zu gewinnen. Auch auf diese vom Abnehmer bestimmten und wahrgenommenen Informationsmöglichkeiten ist im folgenden einzugehen.

Veranlassung zu einer eingehenden Auseinandersetzung mit der auf dem Gebiet der Systemtechnik von den Herstellern betriebenen Kommunikationspolitik bieten die in jüngster Zeit durchgeführten Imageanalysen. Deren Ergebnisse deuten darauf hin, daß zahlreiche Images prominenter System-Anbieter erhebliche Beeinträchtigungen erfahren. Während in der Vergangenheit recht manifeste Images zu registrieren waren, sind in letzter Zeit häufig Imagefaktoren feststellbar, die sich in implausibler Weise negativ verändern. Dies ist schwer erklärbar, weil die betreffenden Hersteller meistens in Anknüpfung an traditionelle Werbelinien mit gleicher Intensität und mit ähnlichen informatorischen Inhalten geworben haben. Unter den Bedingungen früherer Jahre hätte dies zu einer Kontinuität der Imageentwicklung beigetragen. Zumindest wären Imageveränderungen vor dem Hintergrund werbepolitischer Maßnahmen erklärbar gewesen.

Ein weiterer Sachverhalt wird im Zusammenhang mit durchgeführten Imageuntersuchungen deutlich: Hersteller mit einem ausgeprägten Image auf dem Gebiet der Bürokommunikationstechnik geraten in relativ kurzer Zeit in eine gefährliche Imagenähe zu Unternehmen, die sich auf dem Gebiet der Fertigungsautomatisierung profiliert haben und umgekehrt. Dies allerdings unter der Voraussetzung, daß die Hersteller unter dem Bemühen stehen, ihr Tätigkeitsfeld in Richtung unternehmens-integrierender Systeme auszuweiten. Des weiteren haben offenkundig mittlere Hersteller von Teilsystemen gute Chancen, in relativ kurzer Zeit ähnliche Imagekonstellationen herbeizuführen, wie sie die großen Hersteller von Gesamtsystemen aufweisen. Damit entsteht eine neue Wettbewerbssituation, in der große und mittlere Hersteller eine fast gleichartige imagepolitische Ausgangslage haben.

Derartige Entwicklungen veranlassen, die Ursachen für Imageveränderungen zu erforschen, die mit der verfolgten Kommunikationspolitik eines Unternehmens nicht im Einklang stehen. Es ist herauszufinden, warum die Images offenkundig nicht mehr – wie in früheren Jahren gewohnt – auf die mit hohem Aufwand betriebene Imagepolitik reagieren.

Eine Erklärung für den geschilderten Sachverhalt ist darin zu sehen, daß sich die potentiellen Investoren auf dem Gebiet der Systemtechnik von der Informationspolitik der Hersteller unabhängig machen. Wenn dem so ist – und erste empirische Befunde deuten darauf hin – dann scheint das Vertrauen in die kommunikationspolitischen Aussagen der Hersteller beim Abnehmer im Schwinden zu sein. Dies wäre darauf zurückzuführen, daß die Hersteller mit imagepolitisch relevanten Aussagen aufwarten, die mit der Realität der in die Abnehmer-Unternehmen eingebrachten Leistungen nicht in Einklang stehen. Es ist ein durch langjährige Imageforschung nachgewiesenes ehernes Gesetz, nachdem ein Imageverfall immer dann zu verzeichnen ist, wenn sich werbliche Versprechen und real erbrachte Leistungen im Widerspruch befinden.

Das wäre die eine Erklärung. Eine andere könnte darin bestehen, daß imagepolitische Maßnahmen unter Verwendung von Argumenten betrieben werden, die den Abnehmer im Zusammenhang mit Systementscheidungen nicht sonderlich interessieren. In diesem Fall ist der potentielle System-Investor herausgefordert, sich die für ihn relevanten Informationen auf anderen als den vom Hersteller gewünschten Wegen zu beschaffen.

In der Tat deutet sich in neueren Untersuchungen an, daß die in Eigeninitiative der System-Abnehmer gewählten Informationsquellen eine zunehmende Bedeutung erhalten. Das gilt insbesondere für die Informationen aus den sich herausbildenden Benutzergruppen (User-Groups) und für die Besichtigung von Referenzunternehmen. Beides bedeutet konkrete und herstellerunabhängige Information von erfahrenen Fachleuten, in deren Unternehmen funktionsbereichs-übergreifende Systeme im Entstehen begriffen sind. Demgegenüber haben andere, vom Hersteller ausgehende, informatorische Maßnahmen eine untergeordnete Bedeutung erhalten. Sie sind in der Präferenzskala der Abnehmer gesunken (vgl. Strothmann u.a. 1987a, S. 16).

Damit ist eine brisante Situation angedeutet. Basieren auch die vorstehenden Deutungen weitgehend auf Hypothesen, so ist doch unverkennbar, daß die dem Marketing verfügbaren kommunikationspolitischen Instrumente an Wirkung verlieren. Die Hersteller der Systemtechnik geraten in Gefahr, Imageeinbußen hinnehmen zu müssen. Sie erhalten darüber hinaus neue Wettbewerber, die sie bislang als ihrem Image fern und damit als ungefährlich erachten konnten.

Es erscheint nach alledem angezeigt, den Ursachen und Gründen für die aufgezeigten Tendenzen weiter nachzuspüren und insbesondere die Informationswege zu beleuchten, die der System-Abnehmer von sich aus zu etablieren beginnt. Diese sind in Zukunft im Kontext mit den traditionellen Instrumenten der Kommunikationspolitik zu sehen. Dabei ist ein Interesse der Hersteller von Systemtechnik zu unterstellen, die autonomen Informationswege der Abnehmer zu beobachten und, soweit dies möglich ist, mitzugestalten. Schon der Marketinggedanke diktiert derartige Bestrebungen. Die folgenden Ausführungen sollen deutlich machen, ob dazu eine Chance besteht und welche Maßnahmen geeignet erscheinen, die vom Abnehmer präferierten Informationswege zu einem integralen Bestandteil des kommunikationspolitischen Mix zu machen.

1. Zusammenarbeit mit User-Groups

In der bereits im ersten Kapitel behandelten CAD/CAM-Untersuchung konnte nachgewiesen werden, daß die Information in User-Groups sowohl bei Anwendern als auch bei Nicht-Anwendern von CAD-Systemen zu einer hohen Wertschätzung gelangt ist (vgl. Strothmann u.a. 1987a, S. 16). Bei den User-Groups handelt es sich zunächst um die Verabredung zu einem informellen Erfahrungsaustausch unter Fachleuten aus CAD-Anwender-Unternehmen. Diese Gruppen treffen regelmäßig zusammen und diskutieren die Probleme, die im Zusammenhang mit der Einführung von CAD-Systemen entstanden sind.

Dabei geraten natürlich auch die System-Hersteller in die Diskussion. Es wird erörtert, inwieweit die Hersteller ihren werblichen und verkaufspolitischen Versprechen gerecht geworden sind und ob Hard- und Software applikationsgerecht funktionieren. Mit einiger Sicherheit kann angenommen werden, daß auch die Leistungen der Hersteller Bewertung finden, die zur Unterstützung in der Vorbereitungszeit der Abnehmer von Bedeutung sind.

Die Existenz der User-Groups hat sich offenkundig herumgesprochen, denn auch die Nicht-Anwender von CAD wissen, daß es sie gibt und kennen die Informationsmöglichkeiten, die offenkundig auch dem Nicht-Erfahrenen damit zur Verfügung stehen. Davon ausgehend ist anzunehmen, daß ein potentieller System-Käufer vor einer Grundsatz- und Fabrikatsentscheidung Kontakte zu Mitgliedern von User-Groups sucht, um an den Diskussionsabenden teilnehmen zu können.

Der Einfluß, der von den erfahrenen Mitgliedern einer User-Group auf die noch Unerfahrenen ausgeht, ist abzusehen. Fachleute, die noch vor einer systemgerichteten Investitionsentscheidung stehen, werden an den mit den Herstellern gemachten Erfahrungen partizipieren und in Abhängigkeit von dem Gehörten handeln. Imagekorrekturen der Hersteller sind nicht auszuschließen, weil die von den erfahrenen System-Nutzern vorgetragenen Argumente für glaubwürdiger und überzeugender gehalten werden als die werblichen und verkaufspolitischen Aussagen der Hersteller. Gerade die dadurch entstehenden Argumentationsdiskrepanzen führen zumindest zu einer Irritation potentieller Käufer, die als Gast Zutritt zu einer User-Group gefunden haben.

Es bedarf noch weitergehender Untersuchungen, mit denen die Verbreitung und Bedeutung von User-Groups klarzustellen ist. Wenn diese sich jedoch bereits an einer Einstiegstechnologie wie CAD herausbilden, dann ist zu erwarten, daß sie im Zusammenhang mit unternehmens-integrierenden Systemen bedeutsamer werden. Außerdem sprechen sich derartige Entwicklungen innerhalb des Kreises hochspezialisierter System-Fachleute herum, so daß ein überregionaler Nachahmungseffekt nicht auszuschließen ist. Gespräche mit System-Herstellern deuten im übrigen darauf hin, daß diese sich intensiver mit den User-Groups zu beschäftigen beginnen. Auch dies läßt auf eine bereits vorhandene Verbreitung dieser Institution schließen.

Die System-Hersteller sind damit vor ein Problem gestellt. Sie haben zu entscheiden, ob sie die User-Groups zum Gegenstand ihres Marketing machen sollen. Die Alternative ist darin zu sehen, Fürsprecher für eine völlig unabhängige Existenz der User-Groups zu werden, die nicht von Herstellerinteressen beeinflußt werden soll. Eine derartige Haltung könnte allerdings den Eindruck erwecken, daß die so handelnden System-Hersteller den Kontakt mit den User-Groups zu scheuen haben.

Vom Standort eines aktiven Marketing bietet sich demgegenüber die Lösung an, das Geschehen um und innerhalb der User-Groups in deren und im eigenen Interesse konstruktiv zu gestalten. Dies ist durch verschiedene Formen der Kooperation möglich. Eine sehr weitgehende Form der Begünstigung von User-Groups ist in der Starthilfe zu sehen. Die System-Hersteller würden sich in diesem Fall um die Gründung von User-Groups bemühen und dafür Sorge tragen, daß sich nur Abnehmer zusammenfinden, die das eigene System implementiert haben. Es ist anzustreben, daß die entsprechende User-Group unter der Bezeichnung der sie begründenden Herstellerfirma in Erscheinung tritt. Dies hat den Vorteil, daß die Mitglieder der User-Groups bei sehr harmonischer Zusammenarbeit mit dem sie stützenden Hersteller ein enges Zusammengehörigkeitsgefühl entwickeln und unter die Corporate Identity der Herstellerfirma gestellt werden können.

Die weitere Ausgestaltung der Kooperation zwischen Hersteller und User-Groups kann sich in verschiedenen Spielarten vollziehen. Der Hersteller sollte z.B. regelmäßig kompetente Redner abstellen, die Fachvorträge anläßlich der Zusammenkünfte halten. Diskussionspartner können stets zur Verfügung gestellt werden. Darüber hinaus sind die Veranstaltungen in Form abendlicher Zusammenkünfte denkbar. Empfehlenswert ist jedoch, daß die Mitglieder der User-Groups auch bei einer so engen Bindung an eine Herstellerfirma genügend Zeit für eine interne Diskussion haben, die vom Hersteller unbeeinflußt bleibt.

Eine andere weniger intensive Form der Zusammenarbeit ist darin zu sehen, daß die Hersteller das Entstehen von User-Groups – ohne diese zu binden und zu beeinflussen – begünstigen. Sie deklarieren, daß sie diese Entwicklung als auch in ihrem Interesse liegend bejahen und stellen sich als Partner zur Verfügung, wann immer sie in dieser Rolle gefragt sind. In diesem Fall entstehen herstellerunabhängige User-Groups, deren Zusammensetzung einigermaßen heterogen sein wird, weil die Mitglieder aus Unternehmen stammen, in denen die verschiedensten Systeme und Geräte installiert sein können.

Ist der Kontakt zu einer User-Group bzw. zu einem Ring derartiger Gruppen besonders positiv – und das sollte bei einer Einbindung von User-Groups in das eigene Marketing erreicht werden – dann ist die Möglichkeit geschaffen, ihnen Fachleute aus potentiellen Abnehmer-Unternehmen als neue Mitglieder oder Gäste zuzuführen. Die User-Groups erhalten damit den Charakter einer Referenz.

Voraussetzung für ein derartig intensives Zusammenwirken mit User-Groups ist natürlich die Schaffung von Verhältnissen beim so agierenden Hersteller, die eine positive Wirkung auf potentielle Kunden verbürgen. Es muß weitgehend sichergestellt sein, daß der betreffende Hersteller bei den bereits vorgenommenen Systemimplementierungen positive Wirkungen erzeugt hat und daß die mit ihm kooperierenden Fachleute des Abnehmer-Unternehmens speziell bei der Vorbereitung auf die Investition Erfahrungen gemacht haben, die sie dem Neukunden berichten können, ohne daß eine Schädigung des betreffenden Herstellers eintritt.

Anzumerken bleibt, daß sich ein System-Hersteller mit der Möglichkeit zum Zutritt zu User-Groups eine Informationsquelle erschlossen hat, die für das Gebiet der Marktforschung und -beobachtung von Wert ist. Es ist anzunehmen, daß in den User-Groups alle Mangelerscheinungen von Hard- und Software sowie Unzulänglichkeiten des Herstellers in der Vorbereitungszeit und Implementierungsphase diskutiert werden. Wenn diese Informationen systematisch aufgenommen werden, dann ist die rechtzeitige Eliminierung von Defiziten bei diesem Hersteller möglich.

Offen bleibt im gegenwärtigen Stadium die Frage nach den Charakteristika des Spezialisten, der von einem System-Hersteller zur Betreuung von User-Groups eingesetzt wird. Sicher ist, daß es sich dabei um einen exzellenten Fachmann auf dem Gebiet der jeweiligen Systemtechnik handeln muß. Er sollte sich mit großer Flexibilität in die Vielfalt der Anwendungsbedingungen innerhalb der Abnehmer-Unternehmen hineindenken können. Stärken und Schwächen des Systems seiner Firma im Vergleich zum Wettbewerb müssen ihm bekannt sein.

Dieser Fachmann muß es verstehen, aus seiner Erfahrung konkrete Vorschläge zur Mängeleliminierung zu unterbreiten, wenn im Kreis der Mitglieder einer User-Group Probleme und Schwachstellen des Systems seines Hauses erörtert werden. Wichtig ist, daß sich dieser Spezialist nicht als ein Organ der Public-Relations-Abteilung versteht. Darin läge die Gefahr zum Überspielen von diskutierten Systemdefiziten.

Insgesamt sollte die Persönlichkeit des mit dem User-Group-Kontakt beauftragten Fachmannes so strukturiert sein, daß er von den Mitgliedern der User-Groups als Fachkollege akzeptiert wird.

Im ganzen sind vorstehend Persönlichkeitseigenschaften gezeichnet, die auf einer idealistischen Vorstellung beruhen. Es sollte jedoch angedeutet werden, welche Aufgaben auf einen derartigen User-Group-Kontaktmann zukommen und welchen Anforderungen er genügen sollte, um sich in einem Kreis hochkarätiger System-Spezialisten zu behaupten und ein wirksamer Faktor im Innovationsmarketing zu werden. Sollten die User-Groups weiter an Bedeutung gewinnen, dann könnte das dazu führen, daß eine neue Spezies von Fachleuten ausgebildet werden muß, die einem anspruchsvollen Berufsbild entspricht.

Für die System-Hersteller würde sich damit auch eine interessante Möglichkeit erschließen, ihr Leistungsspektrum auf dem Gebiet der Integrationspolitik – also aller Hilfen bei

der Gestaltung der Vorbereitungszeit – in einem objektiv anmutenden Rahmen in die
Diskussion von effektiven und potentiellen Kunden zu bringen.

2. Organisation von Besichtigungen
   in Referenzunternehmen

Auch im traditionellen Investitionsgütermarketing waren potentielle Investoren daran interessiert, vor Festlegung auf einen Anbieter andere Unternehmen aufzusuchen, um an
dem dort angereicherten Erfahrungsgut zu partizipieren. Das gilt insbesondere für das
Gebiet der komplexen Anlagentechnik, weil hier besondere Schwierigkeiten zu sehen
sind, das Investitionsobjekt in Funktion zu erleben.

Die Hersteller haben sich in unterschiedlicher Weise auf den Wunsch ihrer Kunden eingestellt, innerhalb eines nachgewiesenen Referenzunternehmens eine Besichtigung
durchzuführen. Bei zahlreichen Anbieter-Unternehmen gehört der Nachweis von Referenzadressen zum aktiven Bestandteil des Marketing, d.h. daß auf Referenzunternehmen
auch dann hingewiesen wird, wenn das darauf gerichtete Kundeninteresse noch nicht erkennbar ist. Andere Hersteller üben in dieser Hinsicht Zurückhaltung. Sie nennen nur
dann Referenzadressen, wenn der Kunde darauf besteht.

Angesichts dieser Alternativen ist darauf zu verweisen, daß es sicherlich imageförderlich
ist und damit von positiver Auswirkung auf einen beim Abnehmer verlaufenden Entscheidungsprozeß, wenn auf Referenzen ungefragt hingewiesen wird. Dabei muß allerdings berücksichtigt werden, daß es zu einer Überforderung von Kundenfirmen mit abgeschlossenen Investitionsprozessen führen kann, wenn diese in zu kurzen Zeitabständen
von den Fachleuten anderer Unternehmen aufgesucht werden. Hersteller sollten also dafür Sorge tragen, daß derartige Besuche nicht zu häufig stattfinden. Es ist zu organisieren, daß zahlreiche Kunden als Referenzadressen vorhanden sind, die dann in größeren
Zeitabständen benannt werden.

Diese aktive Form des Referenznachweises setzt allerdings voraus, daß ein Hersteller
über eine hinreichend große Zahl von Kunden verfügt, die im vollzogenen Investitionsprozeß zufrieden gestellt wurden. Schon hier ist der Hinweis geboten, die einzelnen Inve-
stitionsfälle innerhalb der Abnehmerschaft sorgsam zu registrieren und den Zufrieden-
heitsgrad der jeweiligen Kunden zu dokumentieren. Es liegt im Interesse einer Hersteller-Unternehmens, nur solche Referenzen nachzuweisen, für die sichergestellt ist, daß sie
von positiver Wirkung auf potentielle Investoren sind.

An dieser Stelle ist das Phänomen der kognitiven Dissonanzen in die Betrachtung einzubringen (vgl. zur Theorie der kognitiven Dissonanz die grundlegenden Ausführungen
bei: Festinger 1957 und 1964; und auch Ziegler 1981 zur Bedeutung der Theorie im In-

vestitionsgütermarketing). Nach der Dissonanztheorie befinden sich investitionsentscheidende Fachleute – insbesondere wenn es um bedeutende Entscheidungen ging – in einem Zustand, der von inneren Konflikten geprägt ist. Vereinfacht gesprochen, hadern sie mit der getroffenen Entscheidung und stehen unter dem Bemühen, die internen Konflikte dadurch abzubauen, daß sie sich die positiven Auswirkungen der getroffenen Entscheidung ins Bewußtsein rufen. In einem derartigen zwiespältigen Zustand können sich Fachleute innerhalb von Referenzunternehmen befinden, wenn sie von einem Fachkollegen aus einem anderen Unternehmen aufgesucht werden, in dem der Investitionsprozeß noch bevorsteht.

Damit gerät ein Hersteller, der den Referenznachweis erbracht hat, in eine ungute Situation. Er steht unter dem Risiko, daß sein potentieller Kunde die Auswirkungen kognitiver Dissonanzen erlebt und an der negativ geprägten Erlebniswelt seines Gesprächspartners im Referenzunternehmen partizipiert.

Daraus resultiert die konkrete Empfehlung, auf den Nachweis von Referenzunternehmen zu verzichten, für die zu vermuten ist, daß es sich bei den dort anzutreffenden Gesprächspartnern um dissonanzgeprägte handeln könnte. Die Wahrscheinlichkeit dafür ist immer dann hoch, wenn der Entscheidungs- und Investitionsfall erst kürzlich stattgefunden hat und den Entscheidenden nur wenig Zeit blieb, den Prozeß der Dissonanzbewältigung zu durchstehen. Ein Indiz für die Stärke kognitiver Dissonanzen ergibt sich aus der Beobachtung des vor der Investition abgelaufenen Entscheidungsprozesses. War dieser von starken Kontroversen innerhalb des beteiligten Entscheidungsgremiums geprägt, insbesondere in bezug auf die zu treffende Herstellerentscheidung, dann ist davon auszugehen, daß diese im einzelnen Entscheidungsträger nachwirken und die Dissonanzen verstärken.

Der Theorie folgend kann ausgesagt werden, daß bei stärkerer Dissonanzintensität ein längerer Zeitraum benötigt wird, um die beim einzelnen aufgetretenen Dissonanzen abzubauen. Für die Hersteller ist daraus die Empfehlung abzuleiten, bei der Auswahl von Referenzadressen die Vorgänge während des investitionsgerichteten Entscheidungsprozesses zu berücksichtigen, insbesondere das Verhalten der Entscheidungsbeteiligten – soweit dieses in Erfahrung gebracht werden konnte.

Für das hier zu diskutierende Innovationsmarketing muß festgestellt werden, daß der Besuch potentieller Kunden in Referenzunternehmen zunehmend an Bedeutung gewinnt. In Zukunft müssen die Hersteller unternehmens-integrierender Systeme davon ausgehen, daß vor einer jeden Herstellerentscheidung ein Besuch der investitionsentscheidenden Fachleute des Abnehmer-Unternehmens in einem Referenzunternehmen stattfindet. Darauf deuten schon die Ergebnisse der bereits behandelten CAD/CAM-Untersuchung hin, nach denen die Besichtigung von Referenzunternehmen eine der vorderen Positionen unter den Informationsquellen einnimmt, die von den Abnehmern bei systemgerichteten Entscheidungen genutzt werden (vgl. Strothmann u.a. 1987a, S. 16).

Dies bringt die System-Hersteller in eine nicht ganz einfache Situation. Sie müssen sich darauf einrichten, daß ihnen Referenzadressen abgefordert werden. Dabei entsteht das

Problem, geeignete Referenzunternehmen verfügbar zu haben, in denen alles über den Entscheidungsprozeß, die Vorbereitungszeit und den Implementierungsprozeß hinweg optimal verlaufen ist. Angesichts der hohen Komplexität unternehmens-integrierender, funktionsbereichs-übergreifender Systeme kann es nicht ausbleiben, daß irgendwann an irgendeiner Stelle Schwierigkeiten auftraten, die die Interaktion zwischen dem Hersteller und seinen Abnehmern störend beeinflußten. Dennoch wird sich ein jeder Hersteller, der mit dem Anspruch des kompletten System-Anbieters auftritt, der Kundenforderung nach Referenznachweisen nicht entziehen können.

Das Problem wird durch die bereits besprochenen User-Groups eine Verstärkung erfahren. Es ist anzunehmen, daß es innerhalb der User-Groups zu einem von den Herstellern unabhängigen Austausch von Referenzadressen kommt und auch zu zielgerichteten Einladungen an Kollegen, in deren Unternehmen das Investitionsvorhaben am Anfang steht. Dieses Geschehen wird vom Marketing der Herstellerfirmen unabhängig, wenn sie ihre Beziehungen zu den User-Groups nicht aktiv gestalten. Haben die für die User-Groups verantwortlichen Repräsentanten eines System-Herstellers demgegenüber einen guten Kontakt zu den User-Groups, dann können sie mutmaßlich in behutsamer Weise den Austausch von Referenzanschriften in ihrem Sinne organisieren. Insbesondere läßt sich die Quote von Referenzadressen reduzieren, die vom Wettbewerb betreute Unternehmen betreffen.

Das alles setzt voraus, daß die System-Hersteller eine Datei von potentiellen Referenzunternehmen aufbauen. In dieser Datei sollten neben den technischen Daten des Systems alle Ereignisse registriert sein, die im Entscheidungsprozeß, in der Vorbereitungszeit und in der Implementierungsphase aufgetreten sind. Die das Kundenunternehmen charakterisierenden Strukturmerkmale sind dabei ebenfalls festzuhalten.

Gerade letzteres ist von Vorteil, weil die Strukturmerkmale die Möglichkeit erschließen, einen Nachweis von Referenzunternehmen zu führen, der den Vorstellungen des referenzsuchenden Abnehmers entspricht. Teilweise legen potentielle Kunden Wert darauf, Referenzunternehmen gleicher Branche aufzusuchen. Dabei handelt es sich im Zweifel um ein Wettbewerbsunternehmen des Referenznehmers. Dieser erschließt sich damit den Vorteil, den Systemeinsatz unter ähnlichen Bedingungen zu erleben, wie sie auch in seinem Unternehmen vorhanden sind. Andere Kundenfirmen möchten demgegenüber diesen Besuch in Wettbewerbsunternehmen vermeiden. Sie präferieren deshalb Referenzunternehmen aus anderen Branchen.

Letzteres kann von den System-Herstellern sicherlich auch leichter bewirkt werden. Die Referenzunternehmen werden mutmaßlich ihrerseits eher bereit sein, Entscheidungsträger aus Unternehmen zu empfangen, die nicht zu ihren Wettbewerbern gehören.

Zu beachten ist bei alledem der Neutralitätsaspekt. Das Bestreben des potentiellen Kunden zum Besuch von Referenzunternehmen ist diktiert vom Ziel der herstellerunabhängigen Information. Der Eindruck der Herstellerunabhängigkeit einer nachgewiesenen Informationsquelle wird jedoch in Frage gestellt, wenn ein System-Hersteller auf ein Refe-

124

renzunternehmen mit zu großem Nachdruck hinweist. Es entsteht der Verdacht, daß es sich dabei um einen Musterfall handeln könnte, der als Paradebeispiel vorgeführt werden soll. Die System-Hersteller tun deshalb gut daran, dem Referenznachsuchenden die freie Auswahl unter verschiedenen Referenzunternehmen zu überlassen. Nur so gewinnt der potentielle Kunde das Gefühl, daß er die Möglichkeit zu einer weitgehend objektiven Information an einer von ihm selbst gewählten Informationsquelle erhält.

Der Erfolg des Bemühens, den Nachweis von Referenzunternehmen zu einem aktiven Bestandteil des Innovationsmarketing zu machen, hängt weitgehend davon ab, inwieweit es einem System-Hersteller gelingt, in möglichst vielen Kunden-Unternehmen positive Spuren zu hinterlassen. Darüber hinaus müssen die System-Hersteller bereits am Anfang eines Kundenkontaktes darauf hinwirken, daß sich der Kunde bereiterklärt, ein Referenzunternehmen zu werden und die in Kooperation mit dem Hersteller gelungene Systemimplementierung auch zu demonstrieren. Dabei ist darauf zu rechnen, daß eine fortschrittliche Verfahrensinnovation innerhalb der Abnehmer-Unternehmen einen Zustand erzeugt, der zum Gegenstand der Public Relations-Arbeit des Kunden werden kann. Insofern dürfte dieser kaum ernsthafte Widerstände gegen das Ansinnen haben, die Rolle des Referenzunternehmens zu übernehmen.

Die Betrachtung neuer Informationsquellen sowohl der User-Groups als auch die Besichtigung in Referenzunternehmen zeigt, daß Entscheidungstragweite und -risiko im Zusammenhang mit der Systemtechnik eine Bedeutungsverschiebung von den herstellergeprägten Marketinginstrumenten zu herstellerneutralen Informationsquellen bewirkt. Teilweise ist diese Tendenz von den Herstellern von Systemen selbst verursacht. Sie haben erkennbar die ihnen verfügbaren Marketinginstrumente weitgehend nicht mit denjenigen Informationen ausgestattet, die den Abnehmer vor einem System-Investitionsprozeß interessieren müssen. Oftmals sind über die traditionellen Marketinginstrumente Informationen an die Abnehmer herangetragen worden, die durch das in der Vorbereitungszeit und im späteren System-Investitionsprozeß gebotene Leistungsspektrum nicht abgedeckt wurden. Das Fehlverhalten der meisten System-Hersteller beruht im wesentlichen auf der Tatsache, daß es zu einer Etablierung einer auf die Vorbereitungszeit gerichteten Integrationspolitik noch nicht gekommen ist und daß dennoch darauf gerichtete Versprechen in die Marktkommunikation eingebracht wurden.

Es ist deshalb im folgenden zu prüfen, welche Anforderungen vom Systemmarketing an die Gestaltung der traditionellen Marketinginstrumente ausgehen, insbesondere, welche werblich-kommunikationspolitischen Aussagen auch unter systemgeprägten Verhältnissen Erfolg versprechen. Dies erscheint insofern geboten, weil es um den Erhalt eines vom Hersteller gestalteten Marketing geht. Das vom Hersteller autonom zu gestaltende Marketing wäre jedoch gefährdet, wenn der Tendenz zur herstellerunabhängigen Information und der damit verbundenen Abwertung der traditionellen Marketinginstrumente nicht entgegengewirkt wird.

Abschließend sei angemerkt, daß bei einer Fortsetzung dieses Erosionsprozesses nicht nur ein eigenständiges Marketing der Unternehmen beeinträchtigt wird, sondern damit auch die gestaltende Rolle der Unternehmen überhaupt. Zu folgern ist weiter, daß das Fehlverhalten der System-Hersteller zunehmend mehr Investitionsbarrieren auf der Abnehmerseite erzeugt. Dadurch werden in Verbreitung erforderliche Systemimplementierungen verhindert. Dies ist von gravierender Auswirkung auf die Wettbewerbsfähigkeit der System-Hersteller auf den nationalen und internationalen Märkten.

3. Aufgabenstellung für Technische Verkäufer und Berater

Trotz der schon angesprochenen Hinwendung der Abnehmer von Systemen zu herstellerunabhängigen Informationsquellen, wird der Technische Verkäufer und Berater seine Position in einem Innovationsmarketing behalten. Er bleibt auch hier ein zentrales Instrument der Kommunikationspolitik (vgl. Strothmann 1979, S. 122 ff.). Ausgehend von der Tatsache, daß die Begegnung mit Technischen Verkäufern und Beratern die Möglichkeit zur personalen Kommunikation bietet, ist sogar zu folgern, daß dieses Instrument, zumindest vorübergehend, Funktionen der Werbung mit zu übernehmen hat.

Dies ist damit zu begründen, daß für die investitionsentscheidenden Fachleute auf der Abnehmerseite gerade bei schwierigen, komplexen Investitionsvorhaben ein Vertrauensbonus von einem Hersteller geschaffen werden muß. Dieser resultiert bei einem richtigen Agieren der Verkäufer und Berater aus der persönlichen Begegnung, vorausgesetzt, die Persönlichkeitscharakteristika tragen dazu bei.

Es wird im folgenden zu prüfen sein, welche neuen Aufgaben im Systemmarketing auf Technische Verkäufer und Berater zukommen. Diese lassen sich am besten im Vergleich zu den traditionellen Verkäuferaufgaben im konventionellen Investitionsgütergeschäft herausarbeiten. Sie sollen deshalb zunächst Gegenstand der Betrachtung sein. Vorweg muß angemerkt werden, daß ein jedes Investitionsgütergeschäft speziellen Bedingungen unterworfen ist. Die Situation innerhalb eines Abnehmer-Unternehmens ist einmal von den individuellen Anwendungsgegebenheiten geprägt, aber auch von den Fachleuten, die auf der Hersteller- und Abnehmerseite das Transaktionsgeschehen bestimmen und gestalten. Auf die spezifischen Verhältnisse kann natürlich im folgenden nicht eingegangen werden. Sie wären nur an Fallstudien darstellbar. Dennoch lassen sich einige wesentliche Tendenzen, die die Rolle der Technischen Verkäufer im Systemgeschäft kennzeichnen, aus den Besonderheiten der Systemtechnik und den durch sie geschaffenen Verhältnissen innerhalb der Abnehmer-Unternehmen ableiten.

126

3.1 Aufgaben im konventionellen Investitionsgütergeschäft

Die Aufgabe des Technischen Verkäufers besteht im konventionellen Investitionsgütergeschäft darin, abnehmerseitig verlaufende Entscheidungsprozesse vor Ort, d.h. in den Unternehmen der Abnehmer, maßgeblich zu beeinflussen, dies unter der Zielsetzung, am Ende eines abgelaufenenen Entscheidungsprozesses den angestrebten Auftrag zu erhalten. Vornehmlich wirkt der Technische Verkäufer auf die mittlere, vertiefende Informationsphase eines Entscheidungsprozesses ein. Nur in relativ seltenen Ausnahmefällen erscheint es ökonomisch sinnvoll, den Technischen Verkäufer auch mit der Aufgabe zu betrauen, Entscheidungsprozesse zu initiieren. Dies ist immer dann vertretbar, wenn ein Anbieter-Unternehmen es nur mit einer überschaubaren Zahl von potentiellen Abnehmern zu tun hat, sein Erzeugnis also für ein relativ schmales Marktsegment bestimmt ist. In allen anderen Fällen, insbesondere bei den in großer Verbreitung einsetzbaren Erzeugnissen, obliegt die Initiierung von Entscheidungsprozessen primär der Werbung.

Schon im konventionellen Investitionsgütergeschäft kann die Aufgabe des Technischen Verkäufers dadurch erschwert werden, daß mehrere Entscheidungsträger innerhalb des Abnehmer-Unternehmens als Gesprächspartner auftreten, was zur Folge hat, daß auf unterschiedliche Mentalitäten und verschiedenartige, fachlich bedingte Informationsinteressen einzugehen ist. Die Wahrscheinlichkeit, daß der Technische Verkäufer mit derartigen Entscheidungsgremien und nicht mit dem einzelnen einkaufsentscheidenden Fachmann konfrontiert wird, ist auf dem Gebiet der komplexen Anlagentechnik besonders groß. Demgegenüber hat es der Technische Verkäufer in der Regel mit allein auftretenden Entscheidern zu tun, wenn es um Routinekäufe einfacher Standarderzeugnisse geht.

Die zuletzt gezeichneten Fälle sind auch von Auswirkung auf die Qualifikationsanforderungen, die an einen Technischen Verkäufer zu stellen sind. Im komplexen Anlagengeschäft muß der Verkäufer über ein sehr umfangreiches technisches Fachwissen verfügen und die Einzelheiten der Anlagenauslegung genauestens kennen, um als Gesprächspartner akzeptiert zu werden. Demgegenüber verlagert sich der Informationsanspruch einkaufsentscheidender Fachleute mehr zu den typischen kaufmännischen Gesprächsthemen, wie Preise, Konditionen und Lieferfristen, wenn es um Routinebeschaffungen geht. Im ersteren Fall stellt sich gar die Frage, ob der Technische Verkäufer die Herstellerseite allein vertreten kann, ob nicht vielmehr ein Projektierungsingenieur bzw. der Konstrukteur der Anlage mit in Erscheinung treten muß.

Damit sind bereits Spielarten angesprochen, die im Investitionsgütergeschäft vorkommen. Sie sind charakteristisch für die verschiedenen Produktkategorien, die im theoretischen Teil dieser Arbeit beschrieben wurden (vgl. Kapitel II, Abschnitt 1). Unabhängig von dem Produkt, um das es im Einzelfall geht, ist jedoch stets die Aufgabe des Technischen Verkäufers zu sehen, im Verkaufsgespräch Preisdurchsetzungspotential zu erschließen (vgl. zu den Informationskategorien zur Preisdurchsetzung: Strothmann 1977). Danach kommt es nicht allein darauf an, am Ende des Entscheidungsprozesses den Auftrag zu bewirken, sondern gleichermaßen auf eine Auftragserteilung zu dem geforderten Preis.

Natürlich handelt es sich bei dieser Zielsetzung um eine Normvorstellung. Das besagt bereits, daß unterschiedliche Möglichkeiten bestehen, die eigene Preisvorstellung in einem Verkaufsgespräch durchzusetzen. Die Chancen dazu sind sicherlich auf Produktgebieten größer, auf denen die technische Problematik beherrschend ist. Demgegenüber sind eingeschränkte Möglichkeiten da zu sehen, wo der Preis ein wesentliches Entscheidungskriterium darstellt, wie es auf dem Gebiet der laufenden Routinebeschaffungen der Fall ist.

Unabhängig davon ist die Preisdurchsetzung ein Ziel, dem sich der Technische Verkäufer zu verschreiben hat. Dazu sind ihm in der Verkäuferschulung Strategien zu vermitteln, die nachgewiesenermaßen Erfolg versprechen. Dazu die folgenden Hinweise:

Preisgespräche sollen möglichst erst dann stattfinden, wenn sämtliche, für das Produkt und für den Hersteller sprechenden Argumente zum Vortrag gekommen sind und hinreichend diskutiert wurden. Durch die Erörterung der Produktvorteile und der Stärken des Herstellers wird die Rechtfertigungsbasis für den zu fordernden Preis gelegt. Findet das Preisgespräch am Anfang eines Verkaufsgespräches statt, dann steht der genannte Preis unbegründet im Raum. Die einkaufsentscheidenden Fachleute innerhalb der Abnehmer-Unternehmen sind noch nicht unter den Eindruck der markanten Vorteile gestellt, die ihnen der betreffende Hersteller und sein Produkt zu bieten vermag. Außerdem riskiert der Technische Verkäufer durch ein zu frühes Einlassen auf die Preisdikussion den frühzeitigen Abbruch des Gesprächs. Damit wäre ein Entscheidungsprozeß beendet, der von seiner Firma mit relativ hohen Aufwendungen initiiert und mit seiner eigenen Mitwirkung bis zu der Phase vorangetrieben wurde, in der der Abbruch erfolgte.

Mit diesen Hinweisen ist eine Grundregel vermittelt, der sich ein Technischer Verkäufer stellen muß, auch wenn zu sehen ist, daß dies durch geschäftsspezifische Eigenarten und durch individuelle Verhaltensweisen der Gesprächspartner behindert werden kann. Weitere Regeln, die ein differenziertes Eingehen auf die mutmaßlich anzutreffenden Gesprächspartner ermöglichen, vermittelt die Image-Fakten-Typologie (vgl. Strothmann 1979, S. 99 ff.). Nach dieser werden zwei Typen einkaufsentscheidender Fachleute unterschieden:

– der Fakten-Reagierer

und

– der Image-Reagierer.

Damit der Technische Verkäufer den jeweiligen Typ in richtiger Weise anspricht und behandelt, sind ihm zunächst Identifizierungshinweise zu vermitteln. Diese lassen sich wie folgt beschreiben:

Bei Nennung eines Produktmerkmals durch den Technischen Verkäufer wird dieses von einem Fakten-Reagierer nicht unbewiesen entgegengenommen. Der Fakten-Reagierer möchte die Behauptung eines Produktvorteils begründet sehen. Er will vor allem wissen, ob der angesprochene Produktvorteil in seinem Einsatzgebiet zum Tragen kommt. Bringt der Technische Verkäufer mehrere Produktmerkmale in seine Argumentationskette ein, dann ist er eine derartige Beweisführung für ein jedes Merkmal schuldig.

Demgegenüber nimmt der Image-Reagierer eine Aufzählung von Produktmerkmalen und -vorteilen unbegründet und unbewiesen zur Kenntnis. Er begnügt sich also mit dem Vortrag von Argumenten. Eine Beweisführung wird, anders als beim Fakten-Reagierer, nicht abverlangt.

Für den Technischen Verkäufer dürfte es möglich sein, anhand dieser Charakterisierung eine Zuordnung seiner Gesprächspartner vorzunehmen. Bereits nach Vortrag seines ersten Argumentes wird für ihn klargestellt, ob sein Gegenüber den Fakten- oder den Image-Reagierern zuzurechnen ist. Nach den bisherigen Ausführungen wird deutlich, daß sich der Verkäufer gegenüber dem Fakten-Reagierer in einer schwierigeren Situation befindet. Dieser verlangt ihm zweifellos mehr Fachkenntnisse ab als der Image-Reagierer. Rein psychologisch gesehen kommt es beim Image-Reagierer zum Aufbau eines Produktimage, das am Ende des Gesprächs Preisabstützung bewirkt. Demgegenüber unterliegt der Fakten-Reagierer einem Prozeß der rationalen Informationsverarbeitung. Führt dieser auf den Fakten-Reagierer gerichtete Informationsprozeß zu einem guten Gesamturteil, dann läßt sich ebenfalls folgern, daß Preisdurchsetzungspotential angelegt wurde.

Von einem empirisch gesicherten Theoriebestandteil ausgehend kann ausgesagt werden, daß Produktimages in ihrer Wirksamkeit dadurch verstärkt werden können, daß sie durch zentrale Firmenimagefaktoren abgestützt werden (vgl. zum Firmen- und Produktimage: Strothmann 1973, S. 25 ff.). Dabei muß es sich um Firmenimagefaktoren handeln, die in einem sachlogischen Zusammenhang zu den Produktimagefaktoren stehen. Voraussetzung dafür ist allerdings, daß auch die imagebeeinflußten einkaufsentscheidenden Fachleute diesen Zusammenhang sehen und anerkennen. Eine derartige Konstellation ist im allgemeinen durch werblich-kommunikative Maßnahmen zu schaffen.

Diese Gesetzmäßigkeit ist auch in diesem Zusammenhang von Belang. Die von einem Technischen Verkäufer gegenüber dem Fakten- und Image-Reagierer verfolgte Informationspolitik ist zunächst auf die Stabilisierung von Produktimagefaktoren ausgerichtet. Eine darauf abgestimmte Argumentation wird erfolgreicher sein, wenn auch Merkmale des anbietenden Herstellers vorgetragen werden und damit eine Nutzung und Stabilisierung angelegter Firmenimagefaktoren erfolgt. Dadurch kommt es zu einer Abstützung des Produktimage durch das Firmenimage. Einfacher ausgedrückt heißt das, daß die vom Technischen Verkäufer im Verkaufsgespräch vorgetragenen Produktmerkmale glaubhafter werden, wenn sie von einer Herstellerfirma entwickelt wurden, die sich mit ihrem Namen und mit ihrem Image für deren Wertigkeit verbürgt. Als Beispiel dafür seien Produkte mit Eigenschaften angeführt, die auf innovativen Technologien beruhen. Stammt ein solches Produkt von einem Unternehmen, das seit langem für intensive Forschungs- und Entwicklungstätigkeit bekannt ist, dann wird es leichter möglich sein, die einkaufsentscheidenden Fachleute von der Bedeutung der neuen Produkteigenschaften zu überzeugen.

Berücksichtigt man die Eigenarten der beiden, durch die Image-Fakten-Typologie gezeichneten Entscheidertypen, dann ist für den Technischen Verkäufer wiederum die besondere Schwierigkeit zu sehen, auch im Umgang mit Firmenimagefaktoren ein unterschiedliches Informationskonzept zu verfolgen. Beim Fakten-Reagierer ist es angebracht, nach der Diskussion eines jeden Produktmerkmals, denjenigen Firmenimagefaktor in die Argumentation einzubringen, der gerade dieses Produktmerkmal abzustützen vermag. Dieses hat nach jeder Diskussionsstufe zu erfolgen. Es muß Gegenstand vorheriger Verkäuferschulung sein, dem Technischen Verkäufer nahezubringen, welcher Firmenimagefaktor jeweils geeignet ist, ein Produktmerkmal und dessen Wert für das Abnehmer-Unternehmen glaubhafter zu machen.

Beim Image-Reagierer ist folgende Argumentationsstrategie angebracht: Ihm gegenüber ist die Aufzählung und Beschreibung von Produktmerkmalen nicht durch Hinweise auf das anbietende Unternehmen zu unterbrechen. Erst am Ende dieser produktbezogenen Argumentationskette stellt die Herstellerfirma ein geschlossenes Thema dar. Es ist das Bild des Unternehmens zu zeichnen, das Gewähr für die Wertigkeit und Bedeutung aller zuvor angeführten Produktmerkmale bietet.

In beiden Fällen kommen natürlich auch Firmeneigenschaften, also Bestandteile des Firmenimage zum Tragen, die keinen unmittelbaren Bezug zum Produkt haben. So beispielsweise eine hervorragende Logistik, die Gewähr für die Einhaltung von Lieferzusagen bietet oder eine gut organisierte Montage, die für eine termingerechte Inbetriebnahme einer gekauften Anlage steht.

Wichtig ist bei alledem, daß die mit werblich-kommunikativen Maßnahmen angelegten Images im Verkaufsgespräch ausgenutzt werden, ist doch davon auszugehen, daß Produkt- und Firmenimage-Werbung bereits einen Eindruck bei den Gesprächspartnern in Abnehmer-Unternehmen hinterlassen haben. Das setzt voraus, daß die Technischen Verkäufer sich mit ihren Argumentationen im Rahmen der Informationskategorien bewegen, die durch Werbung auf den Markt eingewirkt haben.

Während die Werbung, speziell die Anzeigenwerbung, eher pauschalere Argumente transportieren kann, ist der Technische Verkäufer im personalen Kontakt in der Lage, diese werblich vorgetragenen Argumente auszudifferenzieren und damit beweiskräftiger zu machen. Kennt der Technische Verkäufer die Werbekonzeption und die darauf beruhenden Argumentationsrichtungen der Werbung, dann ist er in die Lage versetzt, im Verkaufsgespräch unter Nutzung der schon vorhandenen Information eine Weiterführung der von der Werbung begonnenen Informationspolitik zu betreiben. Auf diese Weise entsteht zumindest in bezug auf die beiden Instrumente 'Werbung' und 'Technischer Verkäufer' ein optimales Marketing-Mix. Es wird Aufgabe der Verkäuferschulung sein, dem

Technischen Verkäufer den Umgang mit den Inhalten der von seinem Unternehmen verfolgten Informationspolitik zu erleichtern. Voraussetzung dafür ist auch die Umsetzung sprachlicher Eigenarten der Werbung in die im Verkaufsgespräch zu pflegende Argumentation.

Damit sind die zentralen Aufgaben des Technischen Verkäufers im konventionellen Investitionsgütergeschäft skizziert – soweit dies losgelöst von individuellen Gegebenheiten spezieller Transaktionen geschehen konnte. Vorwegnehmend sei darauf aufmerksam gemacht, daß mit dem Systemgeschäft zusätzliche Schwierigkeiten entstehen, die den Technischen Verkäufer vor noch anspruchsvollere Aufgaben stellen. Diese durch die Systemtechnik ausgelösten neuen Gegebenheiten im Innovationsmarketing sollen im folgenden herausgearbeitet werden.

3.2 Aus der Vorbereitungszeit resultierende Aufgaben

Ergebnis und Folgen des technischen Entwicklungsprozesses stellen den Technischen Verkäufer und Berater vor eine neuartige Situation. Stehen innovative unternehmensintegrierende Systeme zur Vermarktung an, dann ist zunächst einmal abzusehen, daß nur Verkäufer eingesetzt werden könen, die ein umfassendes Systemverständnis haben, darüber hinaus die technischen Details der einzelnen Systemkomponenten beherrschen und in Verkaufsgesprächen eine erste Idee von der jeweils angebrachten Systemkonfiguration entwickeln können.

Damit ist nur sehr grob umrissen, welche Qualifikationen ein Technischer Verkäufer und Berater aufweisen muß, um innerhalb der Abnehmer-Unternehmen als fachkundiger Berater und als ein Gesprächspartner akzeptiert zu werden, mit dem eine Verständigung über grundlegende Hard- und Softwaredetails herbeigeführt werden kann.

Derartige Ansprüche wird der potentielle Abnehmer eines Systems schon beim Erstkontakt stellen. Die Anbieter von Systemen müssen deshalb darauf bedacht sein, daß beim Abnehmer bereits am Anfang des sich anbahnenden Entscheidungsprozesses die an ihrem Technischen Verkäufer erkannte Kompetenz die Assoziation der Leistungsstärke des Unternehmens auf dem Gebiet der Systemtechnik auslöst. In späteren Phasen des Entscheidungsprozesses wird ein zunehmender Konkretisierungsanspruch der Abnehmer erkennbar. Diesem kann der Technische Verkäufer mit Sicherheit nicht allein entsprechen. Das kann nur bedeuten, daß der Technische Verkäufer von Fachleuten der Systemtechnik unterstützt wird, die intimere Kenntnisse haben und eine Systemarchitektur zu entwerfen verstehen, die den Investitionsintentionen des Abnehmers angepaßt ist.

Damit sind Erfordernisse angesprochen, denen sich der Technische Verkäufer schon im konventionellen Anlagengeschäft zu stellen hatte. Wenn es um unternehmens-integrierende Systeme geht, dann werden die Anforderungen an seinen technischen Kenntnisstand jedoch deutlich höher sein.

Darüber hinaus erzwingt der funktionsbereichs-übergreifende Charakter von Systemen, daß sich der Technische Verkäufer nicht allein mit einem Einsatzbereich, wie bei konventioneller Technik, auseinanderzusetzen hat. Er muß vielmehr das Unternehmen als Ganzes sehen und verschiedene Einheiten des Abnehmer-Unternehmens zum Gegenstand der Betrachtung machen können. Gute Organisationskenntnisse sind davon ausgehend eine wesentliche Voraussetzung für verkäuferischen Erfolg im Innovationsmarketing.

Zusätzliche Erschwernisse treten dadurch auf, daß der Kreis der Entscheidungsbeteiligten im Abnehmer-Unternehmen zunehmend größer wird. Nahezu alle Funktionsbereiche eines Unternehmens und die darin wirkenden verantwortlichen Fachleute müssen zwangsläufig an einer bevorstehenden Systemimplementierung interessiert sein und Wert darauf legen, in Entscheidungsgremien mitzuwirken. Der Technische Verkäufer steht damit vor der Aufgabe, den unterschiedlichen Informationsanliegen der verschiedensten Funktionsbereiche gerecht zu werden. Hinzu kommt, daß in den Entscheidungsgremien im Normalfall Befürworter und Opponenten einer Systemtechnik zusammenwirken. Es bedarf eines hohen verkaufspsychologischen Geschicks, auf derartige Konstellationen erfolgreich einzuwirken. Auch hinsichtlich ihrer Mentalität, ihres Temperaments und ihrer charakterlichen Eigenschaften werden sich die Entscheidungsträger voneinander unterscheiden. Daraus resultieren höhere Anforderungen an die Anpassungsfähigkeit und Flexibilität des Verkäufers.

Wesentlicher ist, daß in Zukunft das unmittelbare Interesse der Entscheidungsbeteiligten auf der Abnehmerseite weniger auf Hard- und Softwarequalitäten ausgerichtet sein wird, als vielmehr auf die Leistungen, die ein Hersteller in die Zeit der Vorbereitung auf die Systemimplementierung einzubringen vermag. Angesprochen sind damit sämtliche Leistungen der Präparationspolitik, die vorstehend im einzelnen behandelt wurden (vgl. Kapitel V, Abschnitt 2.1). Der Technische Verkäufer wird damit unter die Aufgabe gestellt, ein umfassendes Dienstleistungsangebot in die Diskussion zu tragen und dieses im einzelnen zu erläutern.

Die damit ausgesprochenen Forderungen erscheinen plausibel, wenn bedacht wird, daß die Vorbereitungszeit sich unmittelbar an den Entscheidungsprozeß anschließt (vgl. Kapitel II, Abschnitt 4.2). Das Geschehen in dieser Phase vor der Systemimplementierung wird davon ausgehend die Gedankenwelt der auf der Abnehmerseite Entscheidenden mehr beherrschen als das spätere Investitionsgeschehen, das ja in der Vorbereitungszeit seine Konkretisierung erfährt.

Vom Standort des einzelnen System-Herstellers ist zu entscheiden, inwieweit der Technische Verkäufer diese umfassende Aufgabe der Angebotserläuterung und der Erörterung präparationspolitischer Dienstleistungen allein vollziehen kann. Sicherlich sollte er bereits in den ersten Phasen eines angebahnten Entscheidungsprozesses auch in dieser Hinsicht ein sachkundiger Gesprächspartner sein. Für die späteren Phasen des Entscheidungsprozesses ist dann jedoch eine Einbeziehung derjenigen Fachleute in das Verkaufsgespräch vorzusehen, die in Expertenrolle für die einzelnen präparationspolitischen Leistungsbereiche verantwortlich sind. Dies hat den Vorteil, daß diese Spezialisten bereits während des Entscheidungsprozesses Einblick in die Verhältnisse des Abnehmer-Unternehmens erhalten und damit auf die späteren, in der Vorbereitungszeit wahrzunehmenden Aufgaben besser eingestimmt werden.

In diesem Zusammenhang ist zu sehen, daß es in Verbindung mit der Erörterung präparationspolitischer Leistungen Preisverhandlungen geben wird. Das Ausmaß der Aufgaben, die von einem System-Hersteller in der Vorbereitungszeit wahrzunehmen sind, geht weit über das hinaus, was den bislang erbrachten Service bei konventionellen Techniken ausmachte. Bei den Abnehmern werden jedoch die Vorstellungen weitgehend vom Servicegedanken geprägt sein, während die System-Hersteller davon ausgehen müssen, daß es sich angesichts des zu erbringenden Aufwands um honorierungspflichtige Leistungen handeln muß.

Die gegenseitigen Auffassungen auszugleichen, ist eine neue Marketingaufgabe, der sich die System-Hersteller zu stellen haben, um der Gefahr entgegenzuwirken, präparationspolitische Leistungen ohne Entgelt erbringen zu müssen. Der Technische Verkäufer wird damit zu einer zentralen Figur in einem neuen Geschehen. Es wird weitgehend von seinen Fähigkeiten abhängen, präparationspolitische Dienstleistungsangebote wie Produkte erfolgreich zu verkaufen.

Dabei kommt ihm die zunehmende Einsicht auf der Abnehmerseite entgegen, daß ein reibungsloser System-Implementierungsprozeß vornehmlich in ihrem Interesse liegt und daß die optimale Gestaltung der Systeminvestition von der Qualität der Leistungen abhängig ist, die zur Gestaltung der Vorbereitungszeit erbracht werden.

Natürlich wird der Verhandlungsspielraum des Technischen Verkäufers über derartige Honorare unterschiedlich sein. Je umfangreicher und aufwendiger das anstehende Investitionsobjekt ist, um so mehr wird die Abnehmerseite den Servicegedanken vertreten. Demgegenüber werden die Verhandlungen für den Technischen Verkäufer einfacher sein, wenn weniger kostspielige Investitionsobjekte zur Diskussion stehen.

Die vorstehende Betrachtung macht deutlich, daß die Systemtechnik weitaus höhere Qualifikationsanforderungen an den Technischen Verkäufer stellt als der bisherige Verkauf konventioneller Anlagentechnik. Daraus ergibt sich eine Herausforderung an die in diesem Metier Tätigen zur umfassenden Weiterbildung. Verkäuferschulung und -training werden in größerem Ausmaß erforderlich sein als bisher.

Mit diesen Ausführungen sind zunächst nur die Aufgaben angesprochen, die sich aus dem Tatbestand der Vorbereitungszeit ergeben und während des abnehmerseitig verlaufenden Entscheidungsprozesses wahrgenommen werden müssen. Es stellt sich die Frage, ob mit Abschluß des Entscheidungsprozesses auch die diesen Prozeß betreffenden Aufgaben des Technischen Verkäufers beendet sind oder ob er weiterhin für das jeweilige Abnehmer-Unternehmen verfügbar bleiben muß. Zur Klärung dieser Frage sind im folgenden die Verhältnisse zu beleuchten, die sich innerhalb eines Abnehmer-Unternehmens während der Vorbereitungszeit und der Zeit der Systemimplementierung ergeben.

3.3 Mitwirkung in der Vorbereitungs- und Systemimplementierungszeit

Die zentrale Aufgabe des Technischen Verkäufers ist erfüllt, wenn seiner Firma der Auftrag zur Systemimplementierung erteilt wurde. Es ist beim gegenwärtigen Stand der Erkenntnis noch eine offene Frage, in welchem Zeitpunkt die Auftragserteilung erfolgt. Im traditionellen Investitionsgütergeschäft konnte davon ausgegangen werden, daß ein für beide Seiten verbindlicher Geschäftsabschluß am Ende eines vollzogenen Entscheidungsprozesses erfolgte. Erste empirische Befunde deuten darauf hin, daß Systemkäufe in dieser Hinsicht anderen Bedingungen unterliegen.

Nach diesen vorläufigen Ergebnissen ist davon auszugehen, daß Abnehmer, die vor einer Systemimplementierung stehen, auch die Erfahrungen der Vorbereitungszeit nutzen, bevor sie sich einem Hersteller endgültig zuwenden (vgl. Strothmann u.a. 1988, S. 21). Als optimaler Zeitpunkt für die Auftragsvergabe wird von der Mehrheit der potentiellen System-Kunden die letzte Phase der Vorbereitungszeit oder gar erst das Ende der Vorbereitungszeit genannt. Dies unterstreicht ein weiteres Mal, wie wichtig es für die System-Anbieter ist, in die Vorbereitungszeit mit einem optimalen Angebot präparationspolitischer Leistungen hineinzuwirken.

Für den Technischen Verkäufer und die ihn unterstützenden Fachleute bedeutet das, daß sie den Kundenkontakt auch über die Vorbereitungszeit hinweg aufrecht erhalten müssen. Sie haben dafür Sorge zu tragen, daß der Abnehmer in dieser Phase in allen seinen Erwartungen zufriedengestellt wird, die während des Entscheidungsprozesses durch verkaufspolitische und werbliche Versprechen angelegt wurden. Daß alle zuvor gemachten Zusagen eingehalten und durch die Leistungen seines Unternehmens in der Präparationsphase gerechtfertigt werden, muß ein besonderes Anliegen des Technischen Verkäufers sein. Für ihn würde sonst das Risiko entstehen, daß ein verkaufspolitisch gut vorbereiteter Auftrag letztlich doch an einen Wettbewerber erteilt wird. Für den Technischen Verkäufer resultiert daraus die Empfehlung, auch während der Präparationsphase für den Kunden als Ansprechpartner präsent zu sein, das Geschehen zu überwachen und entstehende Wünsche auf der Kundenseite unmittelbar zu befriedigen.

Im Zweifel ist damit ein hierarchisch-organisatorisches Problem aufgeworfen. Die Marketingleitung des System-Herstellers hat sicherzustellen, daß der Technische Verkäufer als Kontakt- und Koordinationsfigur von allen Fachleuten der präparationspolitischen Leistungsbereiche respektiert und akzeptiert wird. Inwieweit damit eine Weisungsbefugnis für den jeweils individuellen Kundenfall ausgesprochen ist, muß einer unternehmensinternen Lösung vorbehalten bleiben. Auf jeden Fall sollte die Marketingleitung gewährleisten, daß sich der Kunde mit seinen an den Technischen Verkäufer herangetragenen Wünschen und Anregungen im präparationspolitischen Geschehen durchsetzen kann. Unter Umständen muß die Marketingleitung selbst eingreifen, wenn der Technische Verkäufer nicht mit der hinreichenden Durchsetzungskraft ausgestattet ist.

Ähnliches gilt für den meist über mehrere Jahre währenden Implementierungsprozeß. Auch in dieser Zeit muß dem Technischen Verkäufer daran gelegen sein, regelmäßigen Kundenkontakt zu pflegen und den Implementierungsablauf zu überwachen. Dies liegt in seinem ureigensten Erfolgsinteresse. Auch in dieser sich über mehrere Jahre erstreckenden Phase wirken die Fachleute des System-Anbieters und des Abnehmer-Unternehmens eng zusammen. Diese Zusammenarbeit muß so störungsfrei wie möglich verlaufen. Empfehlenswert ist, daß ein Sprecher des abnehmerseitig wirkenden Teams bestimmt wird, der für seinen Ansprechpartner auf der Herstellerseite, dem Technischen Verkäufer, verfügbar ist. Auf diese Weise läßt sich die unbedingt erforderliche Kommunikation zwischen dem System-Lieferanten und dem Kunden organisieren. Es wird gewährleistet, daß frühzeitig Fehlentwicklungen in die Diskussion gelangen, auf die der System-Hersteller einwirken muß, um Störungen einer einwandfreien Systemimplementierung zu vermeiden.

Im übrigen ist abzusehen, daß sich für den Technischen Verkäufer während der Implementierungszeit Möglichkeiten ergeben, Teilaufträge zu akquirieren. Dies hängt natürlich von den Besonderheiten des Einzelfalls ab. Chancen dazu werden sich jedoch eröffnen, wenn Neuerungen an Systembestandteilen vorgenommen wurden, die vor Beginn der Implementierungsphase noch nicht bekannt waren. Auch erkennbare Unzulänglichkeiten der Systemarchitektur, die während der Implementierung zutage treten, können unter Umständen durch den Vorschlag weiterer Systemergänzungen kompensiert werden.

Diese Betrachtung stellt die System-Hersteller vor ein Problem. Die Umsetzung der normativen Vorstellung, daß der Technische Verkäufer einen System-Kunden von Beginn des Entscheidungsprozesses bis zum Abschluß der Implementierung begleitet, bindet seine Aktivitäten in einem bislang nicht gekannten Ausmaß. Je größer die Zahl der zu betreuenden Kundenfälle, um so mehr wird dies der Fall sein. Es ist die Konsequenz zu sehen, daß der Technische Verkäufer dann kaum noch Zeit findet, seiner herkömmlichen Aufgabe nachzugehen, nämlich der Akquisition von Neu-Kunden.

Diese Vision legt nahe, zwei Typen von Technischen Verkäufern herauszubilden, die gemeinsam am Anfang des sich abzeichnenden Entscheidungsprozesses beim potentiellen

System-Abnehmer in Erscheinung treten. In diese Tandemlösung wäre ein Spezialist für das Neu-Kunden-Geschäft einzubringen sowie der Spezialist für die nachfolgende laufende Betreuung des Kunden. Die Lösung, die sich abzeichnet, bestünde darin, daß der Neu-Kunden-Spezialist sich nach Abschluß des Entscheidungsprozesses aus dem Kunden-Unternehmen zurückzieht und seinem Partner die weitere Kundenbetreuung allein überläßt.

Sicherlich ist damit nur eine Lösungsrichtung aufgezeigt. In dieser deutet sich jedoch an, daß die System-Hersteller vor der Aufgabe stehen, eine Ausweitung ihrer Vertriebsorganisation vorzunehmen und durch unkonventionelle Maßnahmen zu gewährleisten, daß der Abnehmer zu Personen Vertrauen gewinnt, die sich für eine erfolgreiche Gestaltung der Vorbereitungszeit und der Implementierungsphase verantwortlich fühlen.

Es ist einleuchtend, daß damit auch bisher nicht gekannte Schulungsprobleme aufgeworfen werden. Diese sollen im folgenden Gegenstand der Betrachtung sein, auch wenn diese nur sehr allgemein und grob konturiert angestellt werden kann.

3.4 Ausrichtung der Verkäuferschulung

Aus dem Vergleich zwischen dem traditionellen Investitionsgütermarketing und dem Innovationsmarketing, insbesondere unter dem Aspekt der Rolle des Technischen Verkäufers, ergaben sich bereits einige konkrete Hinweise auf neue Qualifikationsanforderungen, die durch den Systemverkauf bedingt sind. So konnte aus dem neuen Phänomen der Vorbereitungszeit abgeleitet werden, daß der Technische Verkäufer vor die ihm bislang nicht geläufige Aufgabe gestellt wird, Dienstleistungen zu verkaufen, die der System-Abnehmer in der Präparationsphase in Anspruch nehmen muß. Nimmt der Technische Verkäufer die ihm zugewiesene Rolle auch in der Implementierungsphase wahr, dann setzt dies beste Systemkenntnis, aber auch ein weitgehendes Verständnis aller Implementierungsvorgänge voraus.

Sicher ist, daß die dazu erforderliche Wissensvermittlung Gegenstand einer umfassenden Verkäuferschulung sein muß. Diese wird sich nicht mehr in herkömmlichen Bahnen im Beisein eines Verkaufstrainers vollziehen können. Ein umfassendes Trainings- und Schulungsprogramm kann nur unter Mitwirkung didaktisch befähigter Fachleute vollzogen werden, die den neuesten Stand der Systemtechnik beherrschen, die Implementierungsabläufe aus Erfahrung kennen und das erforderliche präparationspolitische Leistungsangebot überschauen und beherrschen. Etliche Spezialisten werden also das Schulungsprogramm in Rollenverteilung zu gestalten und zu vollziehen haben.

Angesichts der Geschwindigkeit, in der sich der technische Entwicklungsprozeß vollzieht, werden derartige Verkäuferschulungen in kürzeren Zeitabständen stattfinden müssen als bisher. Nur so kann gewährleistet werden, daß der Technische Verkäufer auf den jeweils letzten Stand des technischen Wissens gebracht wird.

Ein weiteres erscheint angezeigt: Ausgehend von dem Tatbestand, daß jedes zu verkaufende System eine spezifische, dem Abnehmer-Unternehmen individuell angepaßte Charakteristik aufweist, erlangt der Technische Verkäufer mit jedem bearbeiteten Fall neue Erfahrungen, die aus einem besonderen Applikationsprozeß resultieren. Diese Erfahrungen sind nicht nur für ihn selbst von Wert. Die Marketingleitung, aber auch die Kollegen des Technischen Verkäufers, müssen daran interessiert sein, spezielles Erfahrungswissen aufzunehmen und im Rahmen ihrer eigenen Tätigkeit zu verwerten. Verkäuferschulungen bieten eine ideale Gelegenheit, den dazu erforderlichen Wissenstransfer zu institutionalisieren. Für den erforderlichen Erfahrungsaustausch sollte deshalb vom Veranstalter einer Verkäuferschulung hinreichend Zeit eingeplant werden.

Mit dem Folgenden wird ein zentrales Problem aufgegriffen, das im Systemverkauf eine zunehmend bedeutsame Rolle spielt und von dessen Lösung der Verkaufserfolg auf diesem Gebiet weitgehend abhängt. Dies kann am Beispiel eines Abnehmer-Unternehmens des Maschinenbaus deutlich gemacht werden.

Bei der Simulation eines denkbaren Verkaufsfalls wird zunächst unterstellt, daß der Abnehmer keinen Wert auf die Installation eines Systems legt, das die gesamte Fertigung erfaßt. In diesem Fall kann es nur um die Investition in eine Einstiegstechnologie gehen, etwa in CAD-Systeme, CAD/CAM, ein Produktionsplanungs- und -steuerungssystem (PPS) oder um eine flexible Fertigungszelle usw. Für den Technischen Verkäufer ist in einem derartigen Fall die Frage zu stellen, ob er seinen Gesprächspartnern auf der Abnehmerseite folgt, also ihre begrenzte Investitionsabsicht für richtig erklärt oder ob er ihnen bereits eine Systemvision vermittelt. Bei Wahl der ersten Alternative wird voraussichtlich ein schneller Verkaufserfolg begünstigt, während im zweiten Fall die ganzen Komplikationen des Systemgeschäfts zum Tragen gebracht werden; allerdings mit der Chance zu einem nachhaltigeren und umfassenderen Verkaufserfolg.

Entscheidet sich der Verkäufer für die Entwicklung von Systemvorstellungen im Verkaufsgespräch, dann entsteht gleichzeitig die Frage nach der Richtigkeit der vom Abnehmer beabsichtigten Einstiegstechnologie. Unter Umständen muß eine Alternative ins Spiel gebracht werden, weil sie den besseren Ansatz für die Herausbildung eines fertigungsintegrierenden Systems bietet.

An diesem Beispiel wird klargestellt, daß der Technische Verkäufer ein intuitives Einfühlungsvermögen benötigt, um sich in der Verkaufssituation für die richtige Alternative zu entscheiden.

Von dem eingeschlagenen Argumentationsweg wird der auf Erfolg ausgerichtete Verkäufer persönlich tangiert. Er steht in einer derartigen Situation zwischen der Möglichkeit des schnell zu realisierenden Geschäftes und dem Verzicht auf ein kurzfristiges Erfolgserlebnis im Interesse des unsicheren, später eintretenden Ergebnisses des Gesamtsystem-Verkaufs.

Anders gelagert ist der Fall, in dem die Fachleute des Abnehmer-Unternehmens im ersten Gespräch zu verstehen geben, daß es ihnen um die Implementierung eines umfassenden Systems geht. In dieser Idealsituation kann der Technische Verkäufer nur das aufwendige Repertoire der Argumentationen vollziehen, das ihm vom Standort eines Systemmarketing nahegebracht worden ist. Er wird einen ersten Eindruck von der Systemkonfiguration vermitteln, dabei jedoch über die zu wählende Einstiegstechnologie diskutieren und den Verkauf präparationspolitischer Leistungen, mit Hinweis auf das Erfordernis der Vorbereitungszeit, einleiten.

Vieles wird sich in diesen ersten Phasen des Entscheidungsprozesses noch im Unverbindlichen bewegen. Dies ermöglicht dem Technischen Verkäufer, manches Gesagte unter Vorbehalt zu stellen und das Erfordernis zu betonen, in künftige Gespräche weitere Fachleute seines Hauses einzubeziehen.

Angemerkt sei an dieser Stelle, daß der Diskussion um die günstigste Einstiegstechnologie eine relativ große Bedeutung zukommt. Zunächst setzt ein darauf gerichteter Vorschlag des Technischen Verkäufers eine relativ hohe Sachkompetenz voraus. Er muß erkennen, ob beispielsweise ein Produktionsplanungs- und -steuerungssystem in rudimentärer Form existiert, das einen Anknüpfungspunkt darstellt. Produktionsplanungs- und -steuerungssysteme haben sich als ideale Einstiegstechniken herausgestellt (vgl. Strothmann u.a. 1988, S. 13), weil sie bereits Systemcharakter haben und den gesamten Fertigungsablauf betreffen (vgl. zu den technischen Grundlagen von PPS: Helberg 1988). Demgegenüber handelt es sich beim CAD-System, wenn es als Einstiegstechnik in ein Gesamtsystem vorgesehen wird, um ein zunächst nur auf einen Funktionsbereich wirkendes Teilsystem, nämlich auf das Konstruktionsbüro.

Die vorstehende Betrachtung verdeutlicht, daß es einer strategischen Festlegung des System-Herstellers bzw. seiner Marketingleitung bedarf, welche Vorgehensweise dem Technischen Verkäufer nahezulegen ist. In der konkreten Verkaufssituation ist der Technische Verkäufer auf sein taktisches Geschick angewiesen, sich in richtiger Weise den angetroffenen Verhältnissen im Abnehmer-Unternehmen und den Zielvorstellungen seiner Gesprächspartner anzupassen. Dies bedeutet, daß im Rahmen der Verkäuferschulung von der Marketingleitung relativ klare Vorstellungen über die anzuwendende 'Strategie' entwickelt werden. Darüber hinaus sind die erforderlichen taktischen Anpassungen und Vorgehensweisen mit den Technischen Verkäufern zu trainieren. Von grundsätzlicher Bedeutung ist die vor allem zu treffende Grundsatzentscheidung, ob ein Hersteller als Anbieter von integrierenden Gesamtsystemen am Markt auftreten will oder lediglich als Lieferant von Teilsystemen bzw. Systemelementen. Im ersten Fall ist die Strategie naheliegend, möglichst vielen Kunden eine Systemvision darzulegen, auch wenn sie zunächst nur Anspruch auf ein funktionsbereichs-gerichtetes Teilsystem erheben. Demgegenüber wird ein Hersteller von Systemelementen eher dazu tendieren, eine schnelle Auftragsver-

138

gabe zu bewirken. Diese würde sicherlich verzögert, wenn vom Technischen Verkäufer der Versuch gemacht wird, eine Systemlösung vorzuschlagen.

Deutlich wird, daß sich das gegenwärtige Investitionsgeschehen in einer Übergangsphase befindet. In dieser existieren drei Marktsegmente, die unterschiedliche Verhältnisse aufweisen: Einmal sind Abnehmer-Unternehmen zu sehen, die bereits an einer Systemimplementierung arbeiten. Andere potentielle Kunden tragen sich mit der Absicht, durch eine geeignete Einstiegstechnologie auf eine Systeminstallation hinzuwirken. Demgegenüber verharren zahlreiche Unternehmen der Abnehmerseite im Status quo. Sie investieren nach wie vor in funktionsbereichs-gerichtete Maschinen und Anlagen. Diese Sachlage erschwert das Innovationsmarketing, insbesondere jedoch die Arbeit der Technischen Verkäufer vor Ort. Diese Verhältnisse bieten Veranlassung genug, auch das Problem der technologiebedingten Marktsegmentierung in der Verkäuferschulung zu thematisieren und die gemachten Erfahrungen der Technischen Verkäufer segmentbezogen zu diskutieren.

Die gezeichnete Aufgabenfülle verdeutlicht eine schwierige Position des Technischen Verkäufers im Innovationsmarketing. Er ist nicht zuletzt deshalb durch intensive Werbe- und Kommunikationspolitik zu unterstützen. Diese muß jedoch den Bedingungen der Systemtechnik, also einem Innovationsmarketing Rechnung tragen. Es wird Gegenstand des folgenden Abschnitts sein, eine Werbe- und Kommunikationspolitik in Vorschlag zu bringen, die die Arbeit des Technischen Verkäufers wirkungsvoll zu unterstützen vermag.

4. Ziele der Werbepolitik

Es wurde bereits an anderer Stelle darauf hingewiesen, daß die von den Herstellern gestalteten Marketinginstrumente zumindest auf dem Gebiet der Systemtechnik einem Bedeutungsschwund unterliegen. Auf die Frage nach den im Entscheidungsprozeß genutzten Informationsquellen ergibt sich eine Rangreihung, in der insbesondere die werblichen Maßnahmen in Fachzeitschriften und in der überregionalen Tages- und Wirtschaftspresse einen der hinteren Plätze einnehmen (vgl. zu den Subinstrumenten der Werbung: Strothmann 1979, S. 133 ff.). Die zunehmende Bedeutung von Informationswegen, die der Abnehmer selbst wählt und gestaltet, wurde schon mit dem Hinweis auf User-Groups und 'Information in Referenzunternehmen' diskutiert.

Forscht man nach den Ursachen für derartige Bedeutungsverlagerungen, dann ergibt sich, daß das erkannte Phänomen keineswegs auf die Instrumente selbst zurückzuführen ist. Vielmehr sind die über die Instrumente vermittelten Informationen ausschlaggebend. Demzufolge muß geprüft werden, ob die System-Hersteller in der Wahl der vorzutragenden Argumente richtig beraten sind, ob sie nicht vielmehr Argumente verwenden, die der System-Abnehmer als uninteressant, wenn nicht gar als unredlich empfindet.

4.1 Systemgerechte imagepolitische Maßnahmen

In bezug auf den zu klärenden Sachverhalt ist zunächst das Verhältnis von Produkt- und Firmenimage zu erörtern (vgl. hierzu auch: Strothmann 1973, S. 25 ff.). Die technisch-industrielle Werbung der Vergangenheit stand sehr stark unter dem Bestreben, eine rational wirksame Werbung unter Verwendung technisch-ökonomischer Argumente zu betreiben. Dabei wurde besonderer Wert auf die Verdeutlichung von Produktmerkmalen gelegt, was zum Aufbau eines Produktimages beitrug. Eine derartige Werbelinie findet man auch in Bereichen der Anlagentechnik, in denen der investitionsentscheidende Fachmann am Anfang eines Entscheidungsprozesses noch keine konkrete Produktvorstellung hat. Diese läßt sich auch vom Hersteller kaum erzeugen, weil insbesondere komplexere Anlagen noch nicht existent und dementsprechend nicht beschreibbar sind.

Wie zahlreiche Imageuntersuchungen beweisen, ist es auf dem Gebiet der komplexeren Technik verfehlt, Produktimages durch Verwendung technischer Informationen aufzubauen. Wirksam ist, die Leistungsmerkmale des anbietenden Unternehmens zu betonen, die Beweis für die Fähigkeit sind, eine komplexere Anlage zu konzipieren und zu installieren.

Wenn dem so ist, dann muß die Relevanz des Firmenimage gerade für das Gebiet der unternehmens-integrierenden Systeme betont werden. Dieser Tatbestand ist unbestritten, schon, weil es unmöglich erscheint, eine allgemein anwendbare Systemkonfiguration zu entwerfen und diese mit werblichen Maßnahmen zu verdeutlichen. Es kommt vielmehr darauf an, die Kompetenz eines Anbieter-Unternehmens zu kommunizieren, die für individuell angepaßte Systemarchitekturen und die damit zusammenhängenden Leistungen Voraussetzung ist. Wichtig ist, daß die System-Hersteller ihre eigene Rolle in eindeutiger Definition an den Abnehmer herantragen. Es muß klargestellt werden, ob das Angebot ein unternehmens-integrierendes Gesamtsystem umfaßt oder lediglich Teilsysteme bzw. Systemelemente.

Ausgehend von dieser Rollenverdeutlichung wird der Abnehmer von Systemen seine Anforderungen entwickeln, die er den einzelnen System-Herstellern entgegenbringt. Es ist plausibel, daß ein Anbieter von Gesamtsystemen höheren Erwartungen ausgesetzt wird, speziell in bezug auf die zu erbringenden integrationspolitischen Leistungen, als ein Hersteller von Teilsystemen oder Systemelementen.

140

Damit sind bereits zentrale Argumentationsbereiche angesprochen, die im Interesse richtig wirkender, imagebildender Maßnahmen aufzugreifen sind. Natürlich darf dabei der Aspekt der Gewährleistung eines hohen Qualitätsstandards auf dem Gebiet von Hard- und Software nicht vernachlässigt werden. Dies sollte jedoch nicht durch ausführliche technische Informationen erreicht werden. Es ist vielmehr auf die den Qualitätsaspekt abstützende Wirkung des Firmenimagefaktors „permanente und herausragende Leistung in Forschung und Entwicklung" zu setzen. In vielen Imageuntersuchungen konnte nachgewiesen werden, daß von den Entscheidungsträgern der Abnehmerseite eine psychologische Beziehung zwischen der Forschungsleistung eines Anbieters und der Produktqualität in Auswirkung werblicher Ansprache empfunden wird.

4.2 Werbung für präparationspolitische Leistungen

Auf die Abfolge von Entscheidungsprozeß und Vorbereitungszeit und die sich daraus ergebenden Interdependenzen zwischen diesen beiden Phasen vor der Systemimplementierung wurde bereits verschiedentlich hingewiesen. Bei der Konzipierung werblicher Maßnahmen ist dieser Zusammenhang zwischen Entscheidungsprozeß und Vorbereitungszeit zu beachten. Es ist die Frage aufzuwerfen, welche Argumente durch Werbung zu vermitteln sind, damit Entscheidungsprozesse in möglichst zahlreichen potentiellen Abnehmer-Unternehmen initiiert werden und die Probleme, die zu einer Systemimplementierung veranlassen können, ins Bewußtsein von Entscheidern gerufen werden und ein Erstkontakt zu dem werbenden System-Hersteller angeregt wird.

Die Frage nach der richtigen, d.h. wirksamen werblichen Information, muß unter Beachtung der Informationsanforderungen der potentiellen Entscheider in den ersten Phasen eines sich anbahnenden Entscheidungsprozesses beantwortet werden. Wird das Phänomen der Vorbereitungszeit berücksichtigt, dann ist ableitbar, daß den Abnehmer bei Unterstellung einer garantierten Qualität von Hard- und Software eher die spezifischen Leistungen interessieren, die der System-Hersteller in die Vorbereitungszeit einzubringen gedenkt.

Im Klartext bedeutet dies, daß über die Werbung für unternehmens-integrierende Systeme alle präparationspolitischen Leistungsbereiche verdeutlicht werden müssen, das insbesondere diejenigen Merkmale der Leistungswahrnehmung vorzutragen sind, in denen sich Stärken der Wettbewerbsposition verdeutlichen.

Eine Werbung, die ein präparationspolitisches Leistungsbild erzeugt, bewirkt eine Anreicherung des Firmenimage um völlig neue Faktoren. Sie schafft darüber hinaus Vertrauen, weil sie das Erfordernis einer beidseitig zu gestaltenden Vorbereitungszeit nicht überspielt. Insbesondere wird durch eine derartige Werbung klargestellt, welche Leistungen der Abnehmer von dem System-Hersteller bei der Gestaltung der Vorbereitungszeit zu erwarten hat.

Auf diese Weise findet ein Vorverkauf von Dienstleistungen statt, die der Abnehmer bislang als nicht zu honorierenden Service verstanden hat. Angesichts des Umfangs der erforderlichen präparationspolitischen Leistungen kann dieser Zustand nicht aufrechterhalten bleiben. Die Werbung der System-Hersteller hat davon ausgehend dazu beizutragen, Preisdurchsetzungspotential für die Leistungen zu schaffen, die zur optimalen Gestaltung einer Systemimplementierung in der Vorbereitungszeit erbracht werden müssen.

Wichtig ist, daß werbliche Leistungsversprechen der Realität entsprechen, d.h., daß keine präparationspolitischen Leistungen zum Gegenstand der Argumentation gemacht werden dürfen, die nicht durch bereits existente Leistungsbereiche abgedeckt sind. Ein verhängnisvoller Imageverfall ist die Folge, wenn die Abnehmer in Verbreitung erkennen, daß Diskrepanzen zwischen Leistungsversprechen und effektiver Leistung bestehen. Eine derartige Erfahrung ist jedoch unumgänglich, wenn eine Kooperation in der Vorbereitungszeit zustande kommt und hier erkennbar wird, daß Zugesagtes nicht eingehalten werden kann.

4.3 Das Problem der werblichen Rentabilitätsversprechen

Ähnliche Auswirkungen sind zu erwarten, wenn in der Werbung Rentabilitätsversprechen gemacht werden. Das Argument, nach dem ein Anlagen- oder Maschineneinsatz eine unmittelbare Rentabilitätsauswirkung nach sich zieht, hat schon im traditionellen Investitionsgütergeschäft eine bedeutende Rolle gespielt. Insbesondere in Zeiten des Arbeitskräftemangels versuchten die Hersteller, ihre Abnehmer davon zu überzeugen, daß Personaleinsparungen eine unmittelbare Folge des Einsatzes sein würden. Schon bei konventionellen Investitionsgütern sind Enttäuschungen beim Abnehmer nicht ausgeblieben. Erinnert sei an die ersten Käufe von NC-gesteuerten Werkzeugmaschinen Anfang der 70ger Jahre. Hier haben die Anbieter darauf hingewiesen, daß ein Facharbeiter drei derartige Maschinen überwachen könne. Gegenüber den bis dahin eingesetzten einfacheren Werkzeugmaschinen hätte das eine Einsparung von zwei Facharbeitern zur Folge gehabt. In der Realität zeigte sich dann, daß in vielen Fällen eine Permanent-Überwachung der einzelnen Maschine erforderlich war und die erwartete Einsparung an Personalkosten nicht eintrat.

Derartiges ist bei zahlreichen Vorläuferprodukten von Systemen zu beobachten gewesen. Dennoch hat es sich über etliche Jahre hinweg als erfolgreich erwiesen, Rentabilitätsaussagen zum Thema der Werbung zu machen.

Angesichts der Verhältnisse auf dem Gebiet der Systemtechnik erscheinen derartige werbliche Aussagen verfehlt. Die Erfahrung derjenigen Abnehmer von Systemtechnik, die am Anfang des Implementierungsprozesses stehen, haben gezeigt, daß gerade die Inbetriebnahme von Einstiegstechnologien von negativen Kostenauswirkungen begleitet ist. Dies steht oftmals im Widerspruch zu den von den Anbietern prophezeiten Möglichkeiten zur Kostenreduzierung. Derartige Erfahrungen sprechen sich in der potentiellen Abnehmerschaft herum, insbesondere, wenn es zu einer Intensivierung des Erfahrungsaustausches in User-Groups kommt oder zunehmend mehr Referenzbetriebe zur Absicherung von Investitionen aufgesucht werden.

Vor allem hinsichtlich des Arguments der Rentabilitätsauswirkung durch Personalabbau ist zu bedenken, daß damit ein kritischer gesellschaftlicher Problembereich angesprochen wird. Angesichts einer relativ hohen Arbeitslosigkeit erscheint es fragwürdig, den durch Technik besorgten Verstärkereffekt zu betonen und mit dem eigenen Systemangebot zu assoziieren. Hinzu kommt, daß eine effektiv eintretende Möglichkeit zur Personaleinsparung beim Abnehmer eher Probleme auslöst, weil eine reibungsgfreie, nicht von relativ hohen finanziellen Aufwendungen begleitete Freisetzung von Arbeitskräften schon aufgrund der bestehenden Sozialgesetze nicht möglich ist.

Im ganzen zeigt sich eine eher verhängnisvolle Wirkung von werblich vorgetragenen Rentabilitätsargumenten. Auf ihnen kann nach allem eine erfolgversprechende Werbung für die Systemtechnik nicht begründet werden. Sollte es Möglichkeiten geben, Kostensenkungen durch Systemeinsatz zu erreichen, dann sollte dieses Thema dem Verkaufsgespräch vorbehalten bleiben. Der Technische Verkäufer hat dann die Möglichkeit, auf der Grundlage von Investitionsrechnungen bzw. Kosten-Nutzen-Analysen den konkreten Nachweis zu führen, ob und nach welcher Phase des System-Implementierungsprozesses positive Rentabilitätsauswirkungen zu erwarten sind. Dabei dürfen allerdings die Schwierigkeiten nicht übersehen werden, die es angesichts mehrjähriger Investitionsprozesse für eine verläßliche Investitionsrechnung gibt. Ein Grund mehr, das Thema der Rentabilitätsauswirkungen auf dem Gebiet der Systemwerbung zu tabuisieren.

Eine Zusammenfassung der Ergebnisse der vorstehenden Betrachtung führt zu folgenden Empfehlungen für eine wirkungsvolle Systemwerbung:

- Es gilt in erster Linie, ein positives Firmenimage innerhalb der potentiellen Abnehmerschaft zu erzeugen
- Dabei kommt es auf die Pflege des Imagefaktors „Qualität von Hard- und Software" an, die im wesentlichen durch eine herausragende Forschungs- und Entwicklungsleistung begründet werden kann
- Auf ausführliche Beschreibungen technischer Details ist angesichts der geringen Bedeutung von Produktimages in diesem Geschäftsfeld zu verzichten
- Weitere Imagefaktoren sind zur Anreicherung des Firmenimages auszuprägen. Dabei handelt es sich um die Einbindung der Leistungsbereiche der Integrationspolitik in das bestehende Firmenimage

– Weil untauglich, sind werbliche Argumentationsrichtungen zu vermeiden, die unrealistische Rentabilitätsauswirkungen als Folge des Systemeinsatzes verdeutlichen

– Insbesondere der durch Systemtechnik zu bewirkende Personalabbau berührt kritische Bereiche der Gesellschaft. Wird ein derartiges Argument in der Werbung verwendet, dann besteht die Gefahr, daß der Imagefaktor „soziale Verantwortungslosigkeit" eine dominierende Wirkung erhält.

5. Wandel der Messepolitik

Vor allem Messen für Systemtechnik haben zunehmend steigende Aussteller- und Besucherzahlen zu verzeichnen. Dies steht in einem gewissen Widerspruch zu der Einschätzung werblich-kommunikativer Instrumente durch investitionsentscheidende Fachleute. Messen scheinen – davon ausgehend – ein Ausnahmephänomen im gegenwärtigen kommunikationspolitischen Geschehen zu sein. Zunächst verwundert dies. Ist doch davon auszugehen, daß die System-Hersteller an ihren Messeständen mit gleichen oder ähnlichen werblichen Maßnahmen in Erscheinung treten, die sie auch im Geschäftsalltag ausserhalb der Messe vollziehen.

Eine erste Erklärung für die beobachtbare Belebung von Messen auf dem hier zu erörternden Gebiet begründet sich auf der grundsätzlichen Erkenntnis, daß Messen immer schon ein kommunikationspolitisches Instrument besonderer Art waren (vgl. Strothmann 1979, S. 161 ff.). Messen ermöglichen den Herstellern zunächst die Produktdemonstration, ja sogar die Vorführung von Produkten im Einsatz. Sie bieten Gelegenheit, die über das Jahr hinweg verfolgte Werbelinie im Produktkontext zu vergegenwärtigen. Darüber hinaus ist der Messestand ein Terrain für personale Begegnung auf allen hierarchischen Ebenen. Damit wird der Besucher eines Messestandes unter das Erlebnis des Konzentrats der Marketingpolitik des jeweiligen Herstellers gestellt. Im ganzen bietet die Messe die Möglichkeit, die Marketingbilanz des Unternehmens zu präsentieren, wenn alle Marketinginstrumente am Messestand zum Einsatz gebracht werden.

5.1 Die Bedeutung persönlicher Begegnung

In diesem Zusammenhang ist besonders auf die Auswirkungen der persönlichen Begegnung zwischen dem Standpersonal und den Fachbesuchern abzuheben. Für die Informationsquellen „User-Groups" und „Referenzunternehmen" konnte bereits nachgewiesen werden, daß sie gegenwärtig eine relativ hohe Wertschätzung durch investitionsentscheidende Fachleute erfahren (vgl. Abschnitt 1 und 2 dieses Kapitels). Auch diese Informationsquellen sind im wesentlichen durch die Möglichkeit zur unmittelbaren, persönlichen Information und Kommunikation geprägt. Sie werden im normalen Geschäftsalltag ausserhalb der Messe genutzt. Sie bestimmen die Informationsgewohnheiten von Fachleuten maßgeblich. Vor diesem Hintergrund erscheint es nur natürlich, daß der Investitionsentscheider in der Rolle des Messebesuchers die Erwartung hat, daß ihm die Fortsetzung persönlicher Kommunikation auch auf der Messe ermöglicht wird; hier jedoch mit den Repräsentanten der System-Hersteller selbst und nicht mit einem neutralen Gesprächspartner, der ihm in User-Groups und Referenzunternehmen gegenübersteht.

Diese Deutung bedingt noch eine kurze Beleuchtung des Phänomens der Herstellerneutralität. Diese ist bei User-Groups und Referenzunternehmen als gegeben anzunehmen. Am Messestand spricht der investitionsentscheidende Fachmann jedoch mit Firmenrepräsentanten, die die Aufgabe haben, die Vorzüge ihrer Firma und ihres Systemangebots herauszustellen. Das Gespräch am Messestand ist dementsprechend, ähnlich wie das normale Verkaufsgespräch, zunächst als nicht herstellerneutral zu werten. Dabei ist jedoch auf die vorstehende Charakterisierung von Messen zu verweisen. Am Messestand agiert das Standpersonal im unmittelbaren Kontext mit der Produktdemonstration und der Werbekonzeption. Der Repräsentant des ausstellenden Unternehmens erscheint dem Fachbesucher als ein integrierter Bestandteil des Marketing-Mix, das durch den Messestand verdeutlicht wird.

Demgegenüber tritt der Technische Verkäufer im allgemeinen isoliert auf. Seine Aufgaben wurden vorstehend ausführlich beschrieben. Hier sei wiederholt, daß der Technische Verkäufer durch die Art seiner Argumentation erst einen Bezug zu den Werbemaßnahmen seines Hauses herstellen muß, indem er werbliche Argumente ausdifferenziert, um sie in seiner Sprache beweiskräftig zu belegen. Nur wenn der Technische Verkäufer werbliche Argumente aufgreift und diese zum Gegenstand des Verkaufsgesprächs werden läßt, ergibt sich ein indirekter Zusammenhang zwischen Werbung und Verkaufspolitik. Der Unterschied zur Begegnung zwischen Firmenrepräsentanten und investitionsentscheidenden Fachleuten am Messestand wird evident. Der Repräsentant am Stand ist eine Wirkungsdeterminante, die nicht losgelöst von anderen Marketingmaßnahmen operiert. Dieses Zusammenwirken von Instrumenten ist unmittelbar gegeben. Es bedarf nicht der auf diesen Zusammenhang hinwirkenden Argumentation.

Damit ist am Messestand eine psychologische Ausgangslage geschaffen, die zwar keine Herstellerneutralität erwarten läßt, jedoch einen hohen Grad an Objektivität und Glaubwürdigkeit. Diese beiden Voraussetzungen für erfolgreiche Messepolitik, wie für ein wirkungsvolles Marketing überhaupt, sind auf die umfassenderen Wahrnehmungs- und mehrdimensionalen Informationsmöglichkeiten der Standbesucher zurückzuführen.

An dieser Stelle ist ein Rückbezug auf die vorstehenden Darstellungen zur werblichen Information erforderlich: Es konnte bereits dargelegt werden, daß die Werbung für Systemtechnik zumindest teilweise Argumente verwendet, die für investitionsentscheidende Fachleute uninteressant sind oder sich als unrichtig erweisen. Werden derartige Informationskategorien in das Verkaufsgespräch eingebracht und gar zu beweisen versucht, dann führt das zu einer Verfestigung von Fehleinschätzungen beim Adressaten. Entstehende Zweifel können dann nur durch Nutzung einer Informationsquelle verfestigt bzw. beseitigt werden, die für objektiv und vertrauenswürdig erachtet wird. Dieses Attribut wird den herstellerneutralen User-Groups oder Referenzunternehmen zugeschrieben. Zu sehen ist jedoch, daß irgenwann die Notwendigkeit entsteht, mit den Herstellern direkten Kontakt aufzunehmen, um konkrete Vorstellungen von deren Leistungsfähigkeit und -bereitschaft zu entwickeln. Ist dieses im normalen Verkaufsgespräch nur bedingt möglich, dann bleibt die Messe als Ausweg, weil hier die System-Hersteller in unmittelbarem Wettbewerb unter dem Zwang stehen, sämtliche Leistungsbereiche ihres Marketing zu dekuvrieren. Das vertrauensbildende Instrument des Standrepräsentanten steht im Zentrum aller anderen ihn abstützenden Marketinginstrumente.

Die Betrachtung zeigt, wie sehr es darauf ankommt, das Standpersonal durch Motivation und Schulung auf diese wichtige Aufgabe vorzubereiten. Den am Messestand tätigen Mitarbeitern ist vor ihrem Einsatz ein völlig neues Rollenverständnis nahezubringen. Sie müssen begreifen, daß es an ihnen liegt, ob der investitionsentscheidende Fachmann durch seinen Standbesuch Vertrauen gewinnt. Das setzt voraus, daß er seinen Gesprächspartner als objektiven Informationslieferanten empfindet.

Dies kann nicht erreicht werden, wenn das Standpersonal nicht unter den Eindruck des hohen Ereigniswertes der Messe gestellt wird. Dieser muß in vorherigen Schulungen hinreichend herausgestellt werden. Dabei ist auch auf die Bündelung von Wirkfaktoren zu verweisen, die sich aus dem Einsatz aller Marketinginstrumente zur gleichen Zeit am gleichen Ort ergibt. Der Repräsentant muß dabei erfahren, was seine Aufgabe in Abgrenzung zu den anderen Marketinginstrumenten ausmacht, aber auch, daß diese mit ihm zusammenwirken und nur dadurch der Messeerfolg erreicht werden kann. Findet eine darauf ausgerichtete Schulung nicht statt, dann entsteht nur allzu oft der Eindruck, daß es sich beim Standeinsatz um die Fortsetzung des im Alltag zu vollziehenden Verkaufsgesprächs handele und daß die Ausnahmesituation am Messeort eher den privaten Lebensbereich tangiert als den beruflich-geschäftlichen.

5.2 Präparationspolitische Leistungen als Demonstrationsobjekt

Mit Blick auf die vom Abnehmer in Anspruch genommene Vorbereitungszeit vor einer Systemimplementierung und in Anbetracht der Tatsache, daß diese sich unmittelbar an den vorausgegangenen Entscheidungsprozeß anschließt, ist die Frage nach den Leistungsbereichen aufzuwerfen, die am Messestand eines System-Herstellers vorgestellt

werden sollen. Zunächst muß dazu festgestellt werden, daß die Präsentation von Hard-
und Software nach wie vor eine bedeutsame Rolle spielen wird. Es kommt darauf an, am
Messestand die Überzeugung bei den Besuchern zu schaffen, daß die auf hoher For-
schungs- und Entwicklungsleistung beruhende Systemüberlegenheit das eigene Angebot
in selbstverständlicher Weise auszeichnet. Damit wird die Voraussetzung geschaffen,
daß über Hard- und Softwarequalitäten, insbesondere während eines verlaufenden Entscheidungsprozesses, nicht allzu lange diskutiert werden muß. Andere Leistungsbereiche
der ausstellenden System-Anbieter rücken damit in den Vordergrund des Interesses. Es
handelt sich dabei um die umfassende Palette präparationspolitischer Leistungen, die zur
Gestaltung der Vorbereitungszeit erforderlich ist. Dies hat Konsequenzen für die Messepolitik der System-Hersteller:

Einmal ist die Vorführung von Hard- und Softwareleistungen nach wie vor erforderlich
und zum anderen müssen umfassende Beratungsleistungen am Messestand zur Geltung
gebracht werden. Dies wird mancherorts veranlassen, über die bisher belegten Standflä-
chen nachzudenken und zu prüfen, ob die bisherige Standgröße eine wirkungsvolle Darbietung von Produkt- und Dienstleistungsangeboten zuläßt. Des weiteren ist zu folgern,
daß beide Angebotsbereiche von den am Stand anwesenden Repräsentanten kompetent
erläutert werden müssen. Sollte das bisherige Standpersonal, das traditionell auf die Beschreibung von Hard- und Softwaremerkmalen hintrainiert wurde, mit der Vermittlung
der Besonderheiten des präparationspolitischen Leistungsangebotes überfordert sein,
dann ist die Anwesenheit zusätzlicher Fachspezialisten am Messestand unumgänglich.

Die damit gezeichneten Anforderungen veranlassen die System-Hersteller, grundsätzlich
und speziell für ihre Messepolitik zu einer präzisen Rollendefinition. Sie haben für sich
klarzustellen, ob sie als Anbieter von unternehmens-integrierenden Gesamtsystemen am
Markt und damit auf der Messe auftreten, ob sie Hersteller von Teilsystemen für die Bürokommunikation bzw. für die Fertigungsautomatisierung sind oder ob sie als System-
komponenten-Hersteller gelten wollen. Von dieser Rollenpräzisierung und deren kommunikationspolitischer Verdeutlichung hängt es ab, in welchem Ausmaß sie den vorstehend gezeichneten Anforderungen im Verkaufs- und Messegeschehen ausgesetzt werden.

Nur zu natürlich ist, daß der Anbieter unternehmens-integrierender Gesamtsysteme in bezug auf das präparationspolitische Leistungsspektrum deutlich mehr gefordert sein wird
als die Anbieter von Systemkomponenten. Die Gesamtsystem-Hersteller werden nicht
umhin können, alle präparationspolitischen Leistungsbereiche verfügbar zu halten und
dieses neben der Systemdemonstration am Messestand hinreichend zu präsentieren. Das
erzeugt einen größeren Flächenbedarf und höhere Erwartungen der Messebesucher in bezug auf das Standpersonal. Demgegenüber werden sich die Hersteller von Systemkomponenten weitgehend in den Bahnen des traditionellen Messemarketing bewegen können
und am Messestand den Kern der erbrachten Leistung in Form von Produkten vorstellen.

5.3 Hinweise zur Standgestaltung

Die neuen durch die Systemtechnik ausgelösten Erfordernisse können nicht ohne Auswirkung auf die Standgestaltung bleiben. In früheren empirischen Untersuchungen zum Thema Standgestaltung haben sich zwei Standtypen herauskristallisiert, die als wirkungsvoll anzusehen sind: Der informationsfreundliche und der kommunikationsfreundliche Stand. Die Beschreibung der beiden Standtypen ist wenig konkret und lediglich in allgemeingültiger Form möglich. Die spezielle Ausrichtung der beiden anzudeutenden Gestaltungsrichtungen kann nur auf der Kreativität der firmenindividuellen Standarchitektur beruhen. Dennoch bietet die Typologie einige Gestaltungshinweise, die die Verfolgung der einen oder anderen Standkonzeption erleichtern (vgl. hierzu auch: Strothmann 1979, S. 184 ff.).

Zum informationsfreundlichen Stand kann ausgesagt werden, daß die Art der Standgestaltung die primäre Absicht des Ausstellers zur einseitigen Information signalisiert. Deutlich sichtbar werden an so einem Stand Prospekte und Kataloge ausgelegt, die der Besucher entgegennehmen kann. Er bleibt weitgehend unbehelligt von der Ansprache durch Standpersonal. Auch die Besichtigung der ausgestellten Produkte kann vom Besucher ohne störende Einflußnahme vorgenommen werden. Das für den Besucher sichtbare Standpersonal tritt erst in Aktion, wenn weiterführende Informationen bzw. Erläuterungen gewünscht werden. Besprechungskabinen und Sitzecken können an einem derartigen Stand zwar vorhanden sein, sie beherrschen jedoch nicht das Blickfeld des Besuchers. Dementsprechend stehen sie sozusagen in Reserve für diejenigen, die den Wunsch zu diskutieren an das Standpersonal herantragen.

Dieser Standtyp trägt den Eigenarten eines nicht unerheblichen Anteils von Messebesuchern Rechnung. Viele investitionsentscheidende Fachleute sehen geradezu den Vorteil des Messebesuchs darin, daß sie allein und ohne verkäuferische Einwirkung Produkte besichtigen und Wettbewerbsvergleiche anstellen können. Gegenüber dieser Besucherschaft hat der Messestand dieser Auslegung eine rein werbliche Funktion. Mit ihm werden Entscheidungsprozesse initiiert und in ihren Anfangsphasen beeinflußt. Eine vertiefende Information, wie sie in späteren Phasen verlaufender Entscheidungsprozesse notwendig ist, findet nicht statt.

Beim kommunikationsfreundlichen Stand wird in Abgrenzung zum informationsfreundlichen die persönliche Begegnung zwischen dem Standpersonal und den besuchenden Fachleuten zu forcieren gesucht. Die Art der Standgestaltung ist als Einladung an den Besucher zu verstehen, die angebotenen Kontaktmöglichkeiten zu nutzen und sich in informative Diskussionen hineinzubegeben. Zum Ausdruck gebracht wird diese Zielsetzung durch eine optische Hervorhebung von Standeinrichtungen, die zur persönlichen Kommunikation auffordern. Besprechungsräume und Sitzecken sind zentrale Standelemente. Sie beherrschen die verfügbare Standfläche.

Mit einem derartigen Stand werden Fachleute angesprochen, die sich bereits in einer Phase des Entscheidungsprozesses befinden, in der eine Informationsvertiefung ansteht. Des weiteren sind Fachleute als Zielgruppe zu sehen, die vor dem zu treffenden Kaufentscheid eine letzte Absicherung suchen, unter Umständen in Begleitung anderer Entscheidungsträger, die bislang noch keinen direkten Kontakt zu dem betreffenden Hersteller hatten.

Mit Blick auf die Systemtechnik ist die Frage aufzuwerfen, welcher Standtyp der geeignete ist. Zur Beantwortung der Frage sind zunächst die durch die Systemtechnik bedingten Verhältnisse innerhalb der anvisierten Zielgruppen zu erörtern. Eindeutig ist, daß insbesondere unternehmens-integrierende Systeme für alle innerhalb eines Unternehmens wirkenden Fachleute interessant sind. Sie werden nach der Systemimplementierung mehr oder weniger Betroffene sein. Insofern ist es nur natürlich, daß sie sich in systemgerichtete Entscheidungsprozesse einschalten. Entstammen entscheidungsbeteiligte Fachleute nahezu allen Funktionsbereichen eines Unternehmens, dann wird das Ergebnis eine deutlich größere Heterogenität der Fachbesucherschaft sein, die am Messestand in Erscheinung tritt.

Damit dürfte es für die ausstellenden Unternehmen, im Vergleich zu den Verhältnissen auf dem Gebiet konventioneller Technik, ungleich schwieriger werden, die Informationsanliegen von Standbesuchern zu antizipieren. Diese entstammen nicht nur unterschiedlichen Funktionsbereichen. Sie sind auch aufgrund ihrer Ausbildungsrichtung nicht auf dem gleichen Informationsniveau. Darüber hinaus kann es sich um Fachleute handeln, deren Unternehmen sich in einer unterschiedlichen Phase des Entscheidungsprozesses, der Vorbereitungszeit oder des Implementierungsprozesses befindet. Davon werden jedoch die Informationsanliegen der Standbesucher im entscheidenden Maße abhängen.

Die Betrachtung zeigt, daß eine Entscheidung zugunsten des informationsfreundlichen bzw. des kommunikationsfreundlichen Messestandes nicht leicht fällt. Dies, weil nicht abzusehen ist, welcher Anteil von Besuchern auf einseitige Information abstellt und welcher Besucheranteil auf die intensive Diskussion, d. h. Kommunikation. Aus diesem Grund kann für System-Hersteller nur der Mischtyp eines Messestandes in Vorschlag gebracht werden, der informationsfreundliche und kommunikationsfreundliche Elemente vereinigt.

Dies gilt unter der Voraussetzung, daß der Stand nicht mit krasser Spezialisierung auf eine der beiden gezeichneten Gruppen von Standbesuchern einwirken soll. Wird eine derartige Ausrichtung auf informations- oder kommunikationsbedachte Besucher angestrebt, dann kann entsprechend der informations- bzw. der kommunikationsfreundliche Stand in Reinkultur gewählt werden. In diesem Fall muß jedoch davon ausgegangen werden, daß jeweils eine der beiden Besuchergruppen in ihren Informationsanliegen nicht befriedigt wird. Will man dennoch beiden Informationsanliegen im Messegeschehen Rechnung tragen, dann bleibt nur der Ausweg, für die jeweils nicht mit dem Messestand anzusprechende Besucherschaft eine Begleitveranstaltung zu organisieren.

Die Gelegenheit zur Abhaltung von Begleitveranstaltungen wird immer häufiger wahrgenommen. Dazu bieten sich deutlich bessere Möglichkeiten, weil die Messegesellschaften zunehmend über Kongreß- und Tagungszentren auf ihrem Gelände verfügen. Ausstellerseitig ist darüber zu befinden, wie diese Einrichtungen genutzt werden. Zu denken ist an Tagungen mit Fachvorträgen und anschließender Diskussion, Seminare, Symposien oder auch Empfänge, wenn es ausschließlich um den Vollzug einer PR-Maßnahme geht.

5.4 Sonderformen der Messepräsentation

Die Betrachtung des durch die Systemtechnik geprägten Messewesens wäre nicht vollständig, wenn lediglich die auf eigentlichen Messen, primär Großmessen, zu vollziehende Messepolitik der System-Anbieter behandelt würde. Notwendig ist noch eine Beschäftigung mit den häufiger durchgeführten Hausmessen der System-Hersteller. Derartige Hausmessen können in den Räumen der Zentrale eines Herstellers stattfinden, aber auch in dessen Niederlassungsräumen, in einem Hotel oder Kongreßzentrum, ja sogar in einem gemieteten Zug der Bundesbahn und in Bussen. All diese Formen werden praktiziert.

Der Grund dafür ist in der Tatsache zu sehen, daß nahezu alle Messen sogenannte Regionalisierungseffekte ihrer Fachbesucherstrukturen aufweisen. Derartige Effekte ergeben sich aufgrund der Tatsache, daß kleine und mittlere Unternehmen in geringem Ausmaß Bereitschaften zeigen, ihre Mitarbeiter zu weit entfernten Messen als Fachbesucher zu entsenden. Kostenerwägungen führen dazu. Dies ist die Ursache für die unterdurchschnittliche Repräsentanz von Fachbesuchern aus Unternehmen dieser Größenordnung.

Kommen die Aussteller zu der Einsicht, daß sie mit ihrem Messestand auf einer Großveranstaltung überdurchschnittlich viele Besucher aus großen Unternehmen ansprechen, demgegenüber in deutlich geringerem Ausmaß Besucher aus kleinen und mittleren Unternehmen, dann führt das zu der Einsicht, daß messeähnliche Sonderaktionen notwendig sind. Diese können nur darin bestehen, den kleinen und mittleren Unternehmen entgegenzukommen, d.h. Ausstellungen in ihrer Standortnähe zu veranstalten. Die Tendenz zu derartigen messeähnlichen hauseigenen Präsentationen ist im wesentlichen auf den technischen Entwicklungsprozeß zurückzuführen, der zu der bereits besprochenen Miniaturisierung und Preisreduzierung bei Systemkomponenten geführt hat. Dieses Ergebnis technischer Entwicklung hat – wie schon dargelegt – auch kleine und mittlere Unternehmen in die Lage versetzt, Kunden von Systemtechnik zu werden (vgl. Kapitel I, Abschnitt 1.2). Davon ausgehend sind die System-Anbieter um dieses Marktsegment intensiv bemüht. Sie haben dementsprechend ihr Marketing an den Belangen dieser Unternehmensgruppe auszurichten. Dabei kann die so wichtige Messepolitik – wenn auch in modifizierter Form – nicht ausgelassen werden.

Zu den Sonderformen des Messewesens bleibt anzumerken, daß sie im Vergleich zur eigentlichen Messeveranstaltung einen entscheidenden Mangel aufweisen. Ein Wettbewerbsvergleich, wie ihn ein jeder Messebesucher anstellen möchte, ist auf Hausmessen nicht möglich. Sie bieten nur ein Informationsspektrum, das die individuelle Leistungspalette des jeweiligen Veranstalters umfaßt.

Unabhängig vom aufgrund vorausgegangener Messeplanung gewählten Messetyp haben Aussteller auf dem Gebiet der Systemtechnik ein Präsentationsproblem. Dies ist darin zu sehen, daß Systeme bei zunehmender Komplexität nur unter Schwierigkeiten zu veranschaulichen sind. Werden keine vernünftigen Lösungen gefunden, Systeme möglichst in Anwendung auf einem Messestand vorzuführen, dann wird der Fachbesucher hinsichtlich seiner Informationsanliegen entscheidend beeinträchtigt. Ein Weg kann in der Darbietung von Simulationsmodellen bestehen. Derartige Modelle stehen jedoch nur für den jeweiligen Anwendungsfall. Sie beweisen nicht die ganze Breite der Möglichkeiten individuell angepaßter Systemtechnik. Gerade die Beschränkung der Demonstration auf einen Anwendungsbereich kann jedoch gefährliche Konsequenzen haben. Der Besucher wird damit unter den Eindruck gestellt, daß das System fallbezogen funktioniert, jedoch seinen speziellen Anwendungswünschen nicht gerecht werden kann.

Zahlreiche Aussteller von Systemtechnik stellen deshalb auch an Ständen von Kunden aus, mit denen sie entsprechende Absprachen getroffen haben. Dies ermöglicht, die bei verschiedenen Kunden gefundenen Lösungen vorzuführen, um damit die Vielfalt denkbarer Systemauslegungen an die Messebesucher heranzutragen.

Indirekt profitieren die System-Hersteller von messepolitischen Eigeninitiativen der System-Anwender. Auf manchen Messen finden bereits sogenannte Anwender-Ausstellungen statt. In diesen dafür vorgesehenen Ausstellungsbereichen präsentieren sich Unternehmen, die über eine fortschrittliche Systemtechnik verfügen, um die von ihnen verfolgte Verfahrensinnovation einer breiteren Öffentlichkeit, insbesondere ihren eigenen Kunden, vorzuführen. Ein Nebeneffekt ist die Kommunikation der ausstellenden Anwender untereinander, die wechselseitige Beratung und der Erfahrungsaustausch. Im Kern handelt es sich um die Übertragung des User-Group-Gedankens auf das Ereignis der Messe.

Im ganzen zeigt die vorstehende Abhandlung, daß die Messe ein unabdingbares kommunikationspolitisches Instrument im Innovationsmarketing ist und wohl auf lange Zeit bleiben wird. Sie profitiert gegenwärtig eindeutig vom schnellen technischen Entwicklungstempo und dem damit verbundenen Bedürfnis potentieller System-Kunden, hinsichtlich des Entwicklungsgeschehens auf dem laufenden zu bleiben. Als weitere Ursache ist auch die Schwierigkeit der System-Anbieter zu sehen, die übrigen Marketinginstrumente wirkungsvoll zu gestalten. Die Messe übernimmt hier, zumindest vorübergehend, eine Substitutionsfunktion.

Feststellbar ist außerdem, daß die System-Anbieter auch mit dem Instrument „Messe" ihre Probleme haben. Vielfach ist die richtige messepolitische Konzeption noch nicht gefunden, die den Bedingungen der Systemtechnik angemessen ist. Kreative Lösungen deuten sich an. Diese werden künftig auf den Messen in Erscheinung treten. Es ist davon auszugehen, daß die für Systemtechnik geeigneten Messen künftig ein bunteres Bild mannigfacher Ausstellungsformen bieten werden.

6. Einsatz neuer Kommunikationstechniken

Das Ergebnis des auf Mikroelektronik basierenden technischen Entwicklungsprozesses sind insbesondere neue Kommunikationstechniken. Diese sind darauf hin zu prüfen, ob sie im Marketing der System-Hersteller eingesetzt werden können. Dabei soll von einer Behandlung der konventionellen Kommunikationsmittel, wie Telefon oder Fernschreibgerät, abgesehen werden, weil diese Einrichtungen schon seit Jahrzehnten eine distanzüberbrückende Kommunikation zwischen Anbietern und ihren Kunden ermöglicht haben. Das wird auch im Innovationsmarketing nicht anders sein. In diesem Zusammenhang kann es nur darum gehen, für neuartige Kommunikationseinrichtungen zu erkennen, inwieweit sie andere Instrumente des Innovationsmarketing ergänzen bzw. substituieren können.

Dazu ist zunächst eine Rückbesinnung auf das erforderlich, was zur Rolle des Technischen Verkäufers und der Messen im Innovationsmarketing ausgesagt wurde. Abzusehen ist, daß die Komplexität der Systemtechnik sowohl den Technischen Verkäufer im Verkaufsgespräch als auch das Personal am Messestand in der Begegnung mit systeminteressierten Fachbesuchern in mancherlei Hinsicht überfordert. Zumindest wird das in verschiedenen Situationen der zu führenden Gespräche der Fall sein. So kann unterstellt werden, daß der eine oder andere Fachmann eines potentiellen Abnehmer-Unternehmens Wert darauf legt, bereits in sehr frühen Phasen eines verlaufenden Entscheidungsprozesses eine Idee von einer möglichen Systemkonfiguration zu erhalten. Unter Umständen sind dann die dazu befähigten Fachleute aus Konstruktion und Entwicklung des System-Anbieters nicht präsent. Nur sie wären in der Lage, diese Gesprächsphase zu meistern. Schon diese Sachlage zeigt auf, daß ein unmittelbarer Transfer von in der Zentrale des System-Anbieters angereicherten Know-how in eine Gesprächssituation, also in ein Verkaufs- oder Messegespräch, sinnvoll sein kann.

Schwierigkeiten können sich auch ergeben, wenn ein Gesprächspartner eine frühe Vorstellung von den Kosten-Nutzen-Relationen vermittelt haben möchte, die aus einer Systemimplementierung resultieren. Auch in dieser Frage kann das Verkaufs- und Messepersonal überfordert sein, weil die zu ihrer Unterstützung erforderlichen Fachleute ihres Hauses nicht anwesend sind.

152

Ähnliches läßt sich zu Fragestellungen aussagen, die sich auf mögliche Organisationsveränderungen innerhalb eines Abnehmer-Unternehmens beziehen, die bei einer Systemimplementierung vorgenommen werden müssen.

Damit sind bereits präparationspolitische Leistungsbereiche angesprochen, für die ein Technischer Verkäufer und ein Mitarbeiter am Messestand nicht unbedingt zuständig sein muß. Es wird jedoch von ihnen erwartet, daß sie auch in dieser Hinsicht Rede und Antwort stehen können, wenn sie darauf angesprochen werden. Gelingt es nicht, den Fachinteressenten in seinen darauf gerichteten Informationsbedürfnissen zu befriedigen, dann kann der angestrebte Verkaufserfolg schon in frühen Phasen eines Entscheidungsprozesses in Frage gestellt sein.

Denkbar ist, daß die noch anzusprechenden kommunikationstechnischen Einrichtungen Abhilfe schaffen können. Für zu führende Kundengespräche würde dies bedeuten, daß die Repräsentanten eines System-Anbieters in ehrlicher Weise darauf verweisen, sie seien nicht für alle mit der Systemtechnik zusammenhängenden Problemstellungen kompetent, würden jedoch das zur Beantwortung der aufgeworfenen Fragen erforderliche Wissen direkt aus der Zentrale abrufen. Es ist zu vermuten, daß ein derartiges Verhalten nicht nur Verständnis beim Gesprächspartner erzeugt, sondern auch das Vertrauen schafft, es mit einem redlich informierenden Verkäufer zu tun zu haben.

Der Inhalt von Verkaufs- und Messegesprächen läßt auch beim Technischen Verkäufer und beim Standpersonal das Bedürfnis nach Informationsspeicherung und rascher Datenübertragung entstehen. Viele Gesprächsinhalte bedürfen der unmittelbaren Registrierung. Sie sind unter Umständen für die in der Zentrale des System-Anbieters tätigen Fachspezialisten von Interesse. Eine rasche Bearbeitung des im Verkaufsgespräch Aufgenommenen setzt voraus, daß eine schnelle Informationsübermittlung erfolgt. Unter Umständen ermöglicht dies in einem sehr kurzen Zeitraum das notwendige Informations-Feedback an den Kunden. Gerät dieser unter den Eindruck, daß er es mit einer Anbieterfirma zu tun hat, die sich ohne Verzögerung und flexibel auf seine Informationswünsche einzustellen versteht, dann resultiert daraus ein entscheidender Wettbewerbsvorsprung des so agierenden Anbieters.

Im folgenden sind nun ausgewählte Kommunikationstechniken zu behandeln, die in den gezeichneten Problemlagen Entlastung bieten können (vgl. zu diesen und weiteren Kommunikationstechniken: Brepohl 1983, S. 431 ff.; Baur 1984, S. 244 ff.; Hermanns 1986).

Fernkopierer (Telefax)

Für den Fernkopierer, mit dem sich Kopien über das Fernmeldenetz übertragen lassen, sind die Anwendungsmöglichkeiten im Marketing offenkundig. Denkbar ist beispielsweise die Installation eines Fernkopierers auf einem Messestand. Damit ist es möglich, die in einem Standgespräch aufgenommenen Anforderungen des Kunden handschriftlich festzuhalten und eine Kopie der Notizen an die Zentrale des ausstellenden Unternehmens zu senden. Für den Fall, daß in Konstruktion und Entwicklung analoge Systemlösungen bearbeitet wurden, können diese in Form einer Zeichnung zurückgefaxt werden. Damit verfügt der Repräsentant am Messestand über eine konkrete Unterlage, die zur Grundlage für die Fortsetzung des Kundengesprächs wird. Etwaige Modifikationen der vorliegenden Lösung können diskutiert und unmittelbar aufgenommen werden.

Ähnliches gilt für das normale Verkaufsgespräch außerhalb des Messegeschehens. Der Technische Verkäufer hat angesichts des mittlerweile verbreiteten Einsatzes von Telefax die Möglichkeit, das in den meisten Kundenfirmen vorhandene Gerät zu nutzen. Er kann damit ähnlich verfahren, wie für den Einsatz am Messestand beschrieben.

Über die Nutzungsmöglichkeiten des Fernkopierens sollte auch in bezug auf die präparationspolitischen Leistungen nachgedacht werden. Stehen am Messestand oder im Verkaufsgespräch beispielsweise organisatorische Lösungen zur Diskussion, die sich als Folge einer Systemimplementierung ergeben, dann kann von der Zentrale ein eventuell vorliegender Vergleichsfall in Form eines Organisationsschemas abgerufen werden. Das gleiche gilt für Investitionsrechnungen, die für andere Abnehmer-Unternehmen mit vergleichbaren Systemen durchgeführt wurden.

Die Beispiele für die Nutzung von Telefax können beliebig fortgesetzt werden. Hier kommt es darauf an, anhand von Anwendungsbeispielen dazu anzuregen, neue kommunikationstechnische Instrumente sinnvoll in das Innovationsmarketing einzubeziehen.

Bildschirmtext (Btx)

Voraussetzung für die Anwendung von Btx am Messestand bzw. während eines Verkaufsgesprächs ist lediglich das Vorhandensein eines mit einem Dekoder ausgestatteten Farbfernsehgerätes, das mit dem Fernsprechnetz verbunden ist. Der Benutzer kann durch Anwählen der nächsten Btx-Datenbank Nachrichten und Informationen empfangen, aber auch Mitteilungen an den Informationsanbieter übermitteln.

Möglich ist die Einrichtung einer Datenbank, in der Informationen über die angebotenen Dienstleistungen und Produkte gespeichert sind. Der Technische Verkäufer bzw. der Repräsentant am Messestand hat damit die Möglichkeit, auf dieses Informationspotential zurückzugreifen, wenn er in seinem eigenen Wissensstand in einem Kundengespräch überfordert wird.

Über Btx können nur recht grobe Graphiken übertragen werden. Insofern eignet sich das System primär zur Übermittlung verbaler Informationen. Ein Vorteil ist darin zu sehen, daß einfache Möglichkeiten zur Aktualisierung von Informationen bestehen.

Es wurde bereits ausführlich dargelegt, daß der Technische Verkäufer im Systemmarketing nicht nur technische Informationen vermitteln muß, sondern auch oder primär zur

Verdeutlichung des präparationspolitischen Leistungsangebotes herausgefordert ist. Gerade die präparationspolitische Leistungspalette läßt sich problemlos in einer Datenbank speichern und über Btx vermitteln. Damit wird dem Technischen Verkäufer und dem Repräsentanten am Messestand Entlastung geboten. Er kann sich voll auf die Erörterung technischer Probleme konzentrieren und auf den beschriebenen Informationsweg zurückgreifen, wenn es um Dienstleistungen geht, die zur Vorbereitung des Abnehmers auf die Systemimplementierung erbracht werden müssen.

Die Bildplatte

Eine herausragende Möglichkeit zur Speicherung und Vermittlung von Farbaufnahmen und dazugehörigen Textbeschreibungen bietet die Bildplatte. Dabei handelt es sich um ein audiovisuelles Medium, auf dem Bild- und Tonsignale eingespeichert werden.

Die Abtastung erfolgt bei heutigen Systemen über Lasertechnik. Die Speicherkapazität einer Bildplattenseite erreicht bei Laufbildern etwa eine Stunde pro Seite oder bis zu 54.000 Einzelbilder. Die einzelnen Abbildungen können durch Eingabe einer bestimmten Nummer abgerufen werden.

Angesichts dieser Speicherkapazitäten eignet sich die Bildplatte zur Aufnahme von Produkt- und Einzelteilverzeichnissen, aber auch zur Darstellung von Großanlagen und Systemen.

Die Anwendungsmöglichkeiten liegen auf der Hand. Bei Vorhandensein von Wiedergabegeräten ist es möglich, den Technischen Verkäufer und den Standrepräsentanten mit Bildplatten auszustatten, auf denen diejenigen Informationen enthalten sind, die in Verkaufs- und Beratungsgesprächen bedeutsam werden können.

Die Textplatte

Das vor Ort, also im Verkaufsgeschehen nutzbare Medium mit der höchsten Speicherkapazität ist die Textplatte. Der auf der Platte gespeicherte Text wird mit einem Laserstrahl abgetastet und auf einen Datensichtschirm übertragen. Die Speicherkapazität entspricht etwa 500.000 DIN A 4-Seiten pro Platte.

Angesichts der hohen Informationsdichte auf der Textplatte ist die Speicherung aller wesentlichen Informationen über Großprojekte der Systemtechnik denkbar. Es sind ähnliche Anwendungsmöglichkeiten im Verkaufsgeschehen und am Messestand zu sehen, wie bei der Bildplatte beschrieben. Nachteile dieses Systems liegen im Preis. Dieser wird sich jedoch künftig mit steigender Anwendung verringern.

Wie der Name besagt, kann der Aktentaschen-Computer (auch „Lap-Top" genannt) vom Technischen Verkäufer mitgeführt und auch an einem Messestand gehandhabt werden. In diesen Kleincomputer können Informationen aus einer Zentralanlage über das Telefon abgerufen werden. Die interne Speicherkapazität dieser Computer konnte unter Anwendung kleinster leistungsfähiger Festplattenlaufwerke enorm erhöht werden.

Der Benutzer kann die benötigten Dokumente, sofern sie zentral gespeichert sind, abrufen, aber auch Informationen an die Zentralanlage übertragen. Damit sind nicht nur die wichtigsten Informationen bei einem Verkaufs- bzw. Messegespräch präsentierbar. Der Technische Verkäufer bzw. der Stand-Repräsentant hat jederzeit die Möglichkeit, wichtige Informationen während eines Kundengesprächs aufzunehmen, unmittelbar einzuspeichern und bei Bedarf in die Zentralanlage einzugeben. Auch Graphiken können gespeichert und übermittelt sowie auf einem Bildschirm demonstriert werden.

Mit einer derartig relativ kostengünstigen Lösung ist eine echte Entlastungsmöglichkeit für alle diejenigen Fachleute geschaffen, die in Verkaufsgesprächen agieren und gerade auf dem Gebiet der Systemtechnik durch Fragen des Gesprächspartners nur zu leicht an die Grenzen ihres Wissens geführt werden.

Mit der kurzen Darstellung ausgewählter Kommunikationstechniken kann nur der normative Hinweis verbunden werden, diese zu prüfen und, wenn es sinnvoll erscheint, auch einzusetzen. Damit wird nicht nur den durch Systemtechnik komplexer werdenden Informationsgegebenheiten Rechnung getragen. Es sind darüber hinaus imagepolitische Vorteile erreichbar, wenn der Einsatz moderner Kommunikationstechnik im Verkaufs- bzw. Messegespräch demonstriert wird.

Die System-Hersteller sind – wenn sie mit innovativen Kommunikationstechniken imagepolitische Ziele verfolgen – herausgefordert, die jeweils neuesten Lösungen auf diesem Gebiet ausfindig zu machen. Diese werden sich in immer kürzeren Zeitabständen drastisch erweitern. Zu denken ist an die Vielfalt der Möglichkeiten zur Informationsvermittlung, wenn die unter ISDN geplanten Dienste der Bundespost verfügbar werden.

VII. Kapitel

Integration von Innovations- und Socialmarketing

Es kann kein Zweifel daran bestehen, daß wir uns gegenwärtig in einer Phase des gesellschaftlichen Umbruchs befinden. Tradierte, Orientierung bietende Wertordnungen haben an normativer Kraft eingebüßt. Neue allgemeinverbindliche Wertekonstellationen sind nicht in Sicht. Belege für den Wertewandel sind in zahlreichen jüngst erschienenen Werken niedergelegt (vgl. beispielsweise Klages/Kmieciak 1979; Klages 1984; Klipstein v./ Strümpel 1985; Raffée/Wiedmann 1985). Sie bedürfen deshalb an dieser Stelle keiner Wiederholung. Aus der Sicht der Betriebswirtschaftslehre könnte dies ohnehin nur in recht naiver Form geschehen. Die angedeutete Problematik ist sicherlich bei den Philosophen unter den Naturwissenschaftlern sowie bei Psychologen und Soziologen eindeutig besser aufgehoben als bei den Vertretern einer praxisorientierten Spezialdisziplin.

Dennoch können sich Betriebswirte, vor allem jedoch die in Wissenschaft und Praxis agierenden Marketingfachleute, diesen aus dem gesellschaftlichen Umbruch resultierenden Problemen nicht entziehen. Sie haben sich gar der Frage zu stellen, inwieweit sie zur Auflösung alter Wertordnungen beigetragen haben und Impulsgeber für den zu registrierenden gesellschaftlichen Entwicklungsprozeß sind. Letztlich sehen sich nahezu alle gesellschaftlichen Gruppierungen dem technischen Entwicklungsprozeß ausgesetzt, der in naturwissenschaftlich-technischen Erkenntnissen seinen Ausgang nahm und nach der industriellen Umsetzung in marktreife Produkte seine wirtschafts- und gesellschaftsprägende Dominanz erhielt. Dies wäre ohne den Leistungsbeitrag der Betriebswirtschaft und des Marketing nicht denkbar gewesen.

Aus alledem resultiert für das Marketing, speziell für das Innovationsmarketing, eine besondere Verantwortung. Es ist an der Zeit, normative Modelle anzudenken, die Aussagen darüber zulassen, wie die industriellen Entwicklungs- und Vermarktungsprozesse mit neuen gesellschaftlichen Überzeugungen in Einklang zu bringen sind. Derartige Denkansätze sind im wissenschaftlichen Bereich zu entwickeln. Sie müssen in der Folge dem operativen Marketing innerhalb der Unternehmen nahegebracht werden.

Voraussetzung dafür ist die Abkehr von der ausschließlichen Verfolgung rational-ökonomischer Zielvorstellungen, ohne daß deren Bedeutung für die Existenz von Unternehmen in Zweifel gezogen werden soll. Wird dieser Forderung ausgewichen, dann sind Kollisionen zwischen Unternehmen und Gesellschaft unvermeidlich.

Dies kann damit begründet werden, daß Unternehmen gegenwärtig mehr als in der Vergangenheit in das Blickfeld einer breiten Öffentlichkeit gerückt sind. Moderne Kommunikationstechniken tragen dazu bei, daß das Wirken von Unternehmen in positiver und negativer Hinsicht offenkundig wird. Aktionen im Verborgenen sind angesichts der durch Medien begünstigten Kommunikationsintensität undenkbar geworden.

Vor diesem Hintergrund ist einsichtig, daß alle Unternehmen Schaden nehmen werden, die sich der Orientierung von Entscheidungen und Maßnahmen an gesellschaftlichen Belangen verweigern. Sie werden vielmehr zum eigenen Erfolg beitragen, wenn die verantwortlichen Entscheider der Überzeugung folgen, daß ökonomische Ziele mit gesellschaftlichen in Übereinstimmung gebracht werden können, letztere gar den Charakter ökonomischer Ziele haben.

Gegenwärtig kann kaum darauf gerechnet werden, daß sich die Zielfindung innerhalb der Unternehmen an ethisch-moralischen Werten orientiert, die etwa als Erbgut einer christlich-abendländischen Kultur übernommen werden. Es besteht vielmehr Veranlassung, in einer Zeit des Wertevakuums die in der Gesellschaft empfundenen und in Verbreitung diskutierten existentiellen Notwendigkeiten zu erkennen und an diesen ausgerichtete Ziele und Maßnahmen zu bestimmen. Für die Unternehmen bedeutet das konkret, alle gesellschafts- und menschheitsschädigenden Aktivitäten zu vermeiden, sich vielmehr an Verhaltensnormen auszurichten, die einen Beitrag zur Eliminierung bzw. Minimierung gesellschaftlicher Problemzonen herausfordern. Im einzelnen geht es dabei um folgende Gebiete, auf denen – wenn sie nicht aktiv angegangen werden – verhängnisvolle Folgen zu erwarten sind:

– Umweltschädigungen

– Ressourcen-Verknappung

– Arbeitslosigkeit

– Informatorische Überforderungen durch zunehmende Technologiekomplexität

– Gefährdung von Menschen durch Technologieeinsatz

– Überforderungen der menschlichen Qualifikationsfähigkeit

Es fragt sich, was den Unternehmen in bezug auf die vorstehend aufgeführten Problemzonen abzuverlangen ist bzw. was die Unternehmen sich selbst abfordern sollten. Zunächst ist festzustellen, daß ein jedes Unternehmen, insbesondere ein produzierendes, als ungewollter Verursacher derartiger gesellschaftlicher Problembereiche zu betrachten ist. Daraus resultiert, daß innerhalb der Unternehmen Klarheit darüber geschaffen wird, auf welchen der gezeichneten Gebiete aufgrund der jeweiligen Besonderheiten der Produktion Verantwortung übernommen werden muß. Diese Rückbesinnung auf das gesellschaftsschädigende Wirken kann nur dazu veranlassen, den Wirkungsgrad der auf Verbesserung gerichteten Leistungen, wo immer es geht, heraufzusetzen. Dabei kann es nicht ausschließlich um die Einhaltung gesetzlicher Bestimmungen und Verordnungen gehen. Verantwortliches unternehmerisches Handeln wird erst dann unter Beweis gestellt, wenn über die gesetzliche Norm hinausgehende Maßnahmen ergriffen werden.

Keineswegs darf bei dieser Betrachtung übersehen werden, daß insbesondere exportorientierte Unternehmen nicht nur nationale Belange beeinflussen. Die Reichweite der Entscheidungen, die von diesen Unternehmen ausgehen, geht über nationale Grenzen hinaus. Sie zeitigen Wirkungen in den Entwicklungs- und Schwellenländern. Soweit ihre Erzeugnisse von militärischer Bedeutung sind, ist die Entstehung von internationalen Konflikten bzw. die Vermeidung von Krisenherden zumindest auch auf ihre Entscheidungen und Leistungsbeiträge zurückzuführen.

160

Es würde den Rahmen dieses Buches sprengen, die Betrachtung über die vorstehenden Hinweise hinauszuführen. Hier kann es lediglich darum gehen, die Auswirkungen eines Innovationsmarketing zu beleuchten und daran die Frage anzuschließen, welche Möglichkeiten einer Integration von Innovations- und Socialmarketing bestehen. Nur, wenn diese Symbiose gelingt, kann angenommen werden, daß von einem Innovationsmarketing positive gesellschaftspolitische Effekte ausgehen.

Veranlassung zu einer derartigen Betrachtung bietet die Tatsache, daß die auf Erfolg abgestimmten Maßnahmen des Marketing für Systeme einer auf neuestem technischen Stand befindlichen Technologie zur Durchsetzung verhelfen. Dies soll in möglichst großer Verbreitung, d.h. in zahlreichen Abnehmer-Unternehmen geschehen. Der Hersteller von Systemen kann dabei für sich in Anspruch nehmen, daß es ihm um die Erhaltung der internationalen Wettbewerbsfähigkeit und damit um die Existenzsicherung seiner Abnehmer geht. Auf diese Weise werden zunächst positive Auswirkungen auf den Arbeitsmarkt herbeigeführt als Folge der durch Technologieeinsatz ermöglichten Behauptungsfähigkeit der Abnehmer-Unternehmen. Diese denkbare Rechtfertigung der System-Anbieter hat sicherlich etwas für sich. Sie greift dennoch zu kurz.

Eine darüber hinaus führende Betrachtung ist deshalb angezeigt, weil mit innovativen unternehmens-integrierenden Systemen Einsatzfolgen negativer und positiver Art unmittelbar verknüpft sind. Als negativ ist zunächst die Auswirkung des Technologieeinsatzes auf die Mitarbeiter im Abnehmer-Unternehmen zu bewerten. Zweifellos kann es nach erfolgter Systemimplementierung zu einer Freisetzung von Mitarbeitern kommen. Auch wenn dies nicht der Fall sein wird, so dürften dennoch darauf gerichtete Befürchtungen innerhalb der Mitarbeiterschaft entstehen, wenn eine bevorstehende Systemimplementierung zur Diskussion steht.

Ebenso gravierend ist das Problem, daß der Technikeinsatz verschiedene Mitarbeiter in der bei ihnen angelegten Qualifikation überfordert. Insbesondere ältere Mitarbeiter weisen Barrieren auf, sich durch weitere Schulungen neuen, systembedingten Anforderungen zu stellen und ihr Qualifikationsniveau den für sie neuartigen Erfordernissen anzugleichen.

Darüber hinaus ist im Einzelfall zu prüfen, inwieweit von neuen Technologien umweltschädigende Wirkungen ausgehen. Zu vermuten ist allerdings das Umgekehrte, daß nämlich eine verbesserte Sensorik und Meßtechnik mit der Produktion verbundene Emissionen vermeiden hilft, zumeist jedoch den Grad der Emissionen deutlich herabsetzt. Ebenso ist oftmals ein sparsamerer Umgang mit knappen Materialien und Hilfsstoffen das Ergebnis des Einsatzes moderner Fertigungssysteme, aufgrund der präziseren Steuer- und Regelprozesse sowie computergestützter Qualitätskontrolle im Fertigungsablauf. Auch derartige positive Folgen sollten nicht verkannt werden.

Es bleibt das allgemeine Unbehagen gegenüber komplexer Technologie in den verschiedensten Gruppierungen der Gesellschaft zu erörtern. Die industriellen Modernisierungsprozesse der Gegenwart zeichnen sich nicht nur für den Normalbürger, sondern auch für den technisch-naturwissenschaftlich gebildeten Fachspezialisten in hohem Maße durch Undurchschaubarkeit aus. Sie entziehen sich dem Beurteilungsvermögen. Dementsprechend sind Ängste und Befürchtungen in bezug auf mutmaßliche Auswirkungen des verbreiteten Einsatzes derartig komplexer Systeme die Folge. Auch die damit entstandene gesellschaftliche Problematik muß als Erkenntnisobjekt eines Innovationsmarketing ernstgenommen werden. Widerstände gegen den Technikeinsatz innerhalb der Gesellschaft beeinträchtigen im Zweifel den Gestaltungsraum der Unternehmen, wenn versäumt wird, mit ganzer Energie auf die Vermeidung bzw. Minimierung von Schädigungen hinzuwirken und auch die positiven Ergebnisse eines erfolgreichen Systemeinsatzes in die öffentliche Diskussion zu tragen.

Mit der vorstehenden Problemskizze konnte nur recht grob umrissen werden, welche Veranlassungen für das Innovationsmarketing zu sehen sind, zu einer Integration zentraler Aspekte eines Socialmarketing zu finden. Es wird die Aufgabe der folgenden Abschnitte sein, die dazu erforderlichen Wege zu beschreiben.

1. Technologiebedingte Anpassung der Corporate Identity

Unter Corporate Identity (CI) wird im folgenden das Grundgesetz eines Unternehmens verstanden, an dem alle Planungs-, Entscheidungs- und vom Unternehmen ausgehende Kommunikationsprozesse auszurichten sind (vgl. zur CI: Braun 1983, S. 183 ff.; Birkigt/ Stadler 1980). Wesentlich ist, daß sich die Gestalter einer CI zunächst auf die Firmengeschichte zurückbesinnen. Dabei kommt es darauf an, alle markanten Ereignisse der Firmengeschichte zu registrieren, an denen sich Werte herausgebildet haben, die es zu bewahren gilt.

Derartige Ereignisse können auf das Wirken markanter Unternehmer- und Manager-Persönlichkeiten zurückzuführen sein, die ihre Vorstellungen in das Unternehmensgeschehen einbrachten und damit nachhaltig gestaltend wirkten. Ereignisse von firmenhistorischem Rang können aber auch durch das Verhalten und das schöpferische Tun der Mitarbeiter entstanden sein, die sich in entscheidenen Phasen des Unternehmensgeschehens unter eine besondere Herausforderung gestellt sahen. Bahnbrechende Erfindungen, erfolgreiche Diversifikationen, Sozialinnovationen und Beteiligungen an anderen Unternehmen können derartige Ereignisse ausmachen, die dem Wertebestand eines Unternehmens zuzurechnen sind.

Vor Festschreibung einer historisch gewachsenen Wertordnung ist natürlich eine sorgsame Prüfung der Aktualität und Zukunftsbedeutung der Einzelwerte vorzunehmen. Hat die Unternehmensleitung darüber befunden, welche Wertordnung auch in Zukunft geltender Orientierungsmaßstab für das Handeln und Entscheiden sein soll, dann ist damit ein CI-Bestandteil beschlossen, der ohne einen gravierenden Grund nicht abgeändert werden sollte. Dieser in Zielvorstellungen umgesetzte Wertebestand hat auf Dauer normativen Charakter. Er wird hier als der manifeste Bestandteil einer CI bezeichnet.

Der zweite Inhalt einer CI – hier der flexible Bestandteil genannt – umfaßt alle Normen, denen sich ein Unternehmen unter einer gesellschaftlichen Zielorientierung verschreibt. Damit bekennt sich das Unternehmen zu seiner Verpflichtung, alles daranzusetzen, die von ihm mit verursachten gesellschaftlichen Problembereiche in positiver Weise zu beeinflussen. Es ist davon auszugehen, daß die Unternehmen an der Entstehung und Verstärkung von Beeinträchtigungen der Gesellschaft durch Technikeinsatz beteiligt sind. Derartige Auswirkungen sind in stärkerem Ausmaß anzunehmen, wenn die angewandte Technik einen hohen Komplexitätsgrad aufweist und Folgewirkungen in größerer Reichweite zeitigt. Schon daraus folgt, daß mit der Formulierung der in einer Corporate Identity festzuschreibenden Ziele Grundsatzerklärungen entstehen müssen, die den jeweiligen Stand der Technik berücksichtigen sowie die durch Technikeinsatz entstehenden Probleme. Im Kern bedeutet dies die verpflichtende Deklaration von Unternehmenszielen, die im Interesse technikausgelöster gesellschaftlicher Belange verfolgt werden sollen.

Die vorstehenden Ausführungen beziehen sich im wesentlichen auf die Abnehmer-Unternehmen von innovativer Systemtechnik. Primäre Verursacher des Technikeinsatzes sind jedoch die marketingtreibenden System-Anbieter. Ihnen ist in bezug auf die Gestaltung des flexiblen CI-Bestandteils Analoges nahezulegen. Vornehmlich gilt das für die Normen, an denen die Hersteller ihre Produkt- bzw. Systemkonzeptionspolitik ausrichten.

Eine vom System-Hersteller zu entwickelnde CI muß deshalb deutliche Hinweise auf Systemmerkmale enthalten, mit denen dem Human- und Gesellschaftsaspekt Rechnung getragen werden soll. Gemeint ist zunächst die Ausgestaltung der Schnittstelle zwischen der Systemtechnik und den mit dieser in Berührung stehenden Mitarbeitern in den Abnehmer-Unternehmen. Darüber hinaus sollte mit einem entsprechenden CI-Inhalt gewährleistet sein, daß in Konstruktion und Entwicklung mit allen zur Verfügung stehenden Möglichkeiten auf eine umwelt- und ressourcenschonende Technik hingearbeitet wird. Des weiteren stehen Grundsätze zur Formulierung an, die die Arbeitsplatzsituation der Mitarbeiter in Abnehmer-Unternehmen betreffen.

Im wesentlichen handelt es sich bei den die Produkt- und Systempolitik betreffenden Grundsätzen um Ziele, die mit der Gestaltung von Hard- und Software unter Nutzung innovativer Technik zu verfolgen sind. Dabei darf jedoch die Gesamtproblematik des Implementierungsvorgangs nicht übersehen werden. Dieser bedeutet im allgemeinen tiefgreifende Veränderungen innerhalb der Abnehmer-Unternehmen. Es kommt deshalb darauf an, den Implementierungsablauf so zu gestalten, daß beim Management und bei den Mitarbeitern ein positiver Gewöhnungsprozeß in bezug auf neue Technik-Mensch-Beziehungen und veränderte Organisationsstrukturen eintritt. Voraussetzung dafür ist,

INHALT DER CORPORATE IDENTITY
VON SYSTEM-HERSTELLERN

1. Leistungsziele des Unternehmens, künftige Leistungsziele (Diversifikationsbereich)

> Berücksichtigung gesellschaftlicher Problemzonen bei der Entwicklung von Systemkonzeptionen

2. Unabhängigkeitsstreben – Bereitschaft zur Kooperation und Integration

3. Haltung und Erwartung gegenüber den Mitarbeitern

> Schaffung humaner Schnittstellen Mensch / Technik, sowie Mitarbeitergerechte Gestaltung von System-Implementierungsprozessen

4. Maxime der Kundenorientierung, Beziehungen zum Unternehmensumfeld

> Einbeziehung der Mitarbeiterbelange in Abnehmer-Unternehmen in die Integrationspolitik

5. Gesamtwirtschaftlicher und gesellschaftspolitischer Verantwortungsbereich des Unternehmens

> Verfolgung des Zieles der Minimierung gesellschaftlicher Problemzonen bei Systemimplementierungen

6. Gesicht, Gestalt des Unternehmens (Corporate Design)

Abb. 11: Inhalt der Corporate Identity von System-Herstellern

daß sowohl die System-Anbieter als auch die -Abnehmer die Bedeutung der Maßnahmen der Integrationspolitik erkannt haben und von deren Notwendigkeit, insbesondere vor der Systemimplementierung, überzeugt sind. Auch dazu sollte in einer CI der System-Hersteller Position bezogen und damit die Verpflichtung übernommen werden, insbesondere die human-wirksamen Instrumente der Integrationspolitik optimal einzusetzen.

Mit der vorstehenden Übersicht werden die Inhalte wiedergegeben, die eine CI von Herstellern konventioneller Investitionsgüter aufzuweisen hat (vgl. Abbildung 11). In einem Innovationsmarketing sind die eingebrachten Pfeile von besonderer Bedeutung. Mit einer um die vorstehend behandelten Positionen angereicherten CI ist eine wesentliche Grundlage für eine Integration des Socialmarketing in das Innovationsmarketing geschaffen.

2. Realitätskonforme Kommunikation

Es wurde bereits an anderer Stelle darauf hingewiesen, daß die vom Abnehmer erkannten Diskrepanzen zwischen den Versprechen der System-Hersteller und ihren später in der Vorbereitungszeit und im Implementierungsprozeß erbrachten Leistungen zu rasch auftretenden Imagebeeinträchtigungen führten (vgl. die Einleitung von Kapitel VI). Dies ist insbesondere für die Wirksamkeit von Marketingmaßnahmen von Belang. Die Kommunikationspolitik der Hersteller verliert beispielsweise enorm an Glaubwürdigkeit, wenn die System-Abnehmer auf die Inhalte CI-gestützter kommunikationspolitischer Aussagen vertrauen und dann die Herstellerleistung nicht den gesetzten Erwartungen entspricht. So ist davon auszugehen, daß die System-Abnehmer mehr Vertrauen in die Kommunikationspolitik der Hersteller setzen, wenn sie bereits unter den Eindruck einer ihren Grundanliegen entsprechenden CI stehen. Um so nachhaltiger wird die Enttäuschung beim Abnehmer wirken, wenn die Herstellerleistung nicht CI-gerecht erbracht wird.

Von einer derartigen Diskrepanz zwischen CI-gestützter Kommunikationspolitik und erbrachter Leistung werden nicht nur die über eine Investition entscheidenden Fachleute des Abnehmer-Unternehmens betroffen. Vielmehr sind die Mitarbeiter des investierenden Unternehmens tangiert, wenn der Investition eine Entscheidung vorausging, die auf Fehlinformationen beruhte. Derartige Fehlinformationen können beispielsweise in solchen Zusagen der Hersteller bestehen, daß sie im Rahmen der Integrationspolitik alles daran setzen werden, den System-Implementierungsprozeß organisations- und mitarbeiterverträglich zu gestalten, ohne aber über die dazu erforderliche fachliche Kompetenz und personelle Kapazität zu verfügen. Bei den damit angesprochenen Leistungsbereichen der System-Hersteller handelt es sich im wesentlichen um die Motivation und Schulung der systemnah arbeitenden Mitarbeiter, aber auch der Systemspezialisten und des Managements in den Abnehmer-Unternehmen. Ebenso ist die Planung der technikadäquaten Organisationsanpassung gemeint. Wird über derartige Leistungen während des verlaufenden Entscheidungsprozesses Positives in Form werblicher Versprechen ausgesagt, dann ist der Mißerfolg vorprogrammiert, wenn sich während der Vorbereitungszeit und des Implementierungsprozesses die Schwächen des System-Herstellers beweisen. Frustrationen der Mitarbeiter werden nicht ausbleiben. Bei den entscheidenden Managern werden sich die ohnehin auftretenden kognitiven Dissonanzen verstärken.

Im ganzen werden in einem so betroffenen Abnehmer-Unternehmen Barrieren aufgebaut, die einem sinnvollen Umgang mit der installierten Systemtechnik entgegenstehen.

Soziökonomische Folgen einer Systemimplementierung sind mutmaßlich unvermeidbar. Um so wichtiger ist es, daß alle Herstellerversprechen auf Folgenminimierung in redlicher Absicht abgegeben werden. Die Hersteller unterwerfen sich damit der Forderung, in bezug auf die Folgenminimierung an jedem Implementierungsprozeß Erfahrungen zu sammeln und diese auszuwerten, damit sie bei nachfolgenden Systemverkäufen und -implementierungen zum Tragen gebracht werden können. Das gilt natürlich gleichermaßen für externe Schädigungen, von denen die Umwelt der Abnehmer-Unternehmen betroffen werden kann. Zu denken ist an Umweltschädigungen und Entsorgungsprobleme sowie an zusätzliche Belastungen des Arbeitsmarktes durch Freistellung von Mitarbeitern in Auswirkung des Systemeinsatzes.

Insgesamt zeigt sich, daß ein Innovationsmarketing ein sozialverantwortliches Handeln unerläßlich macht. Der Marketingerfolg wird insbesondere dann in Frage gestellt, wenn von den Herstellern hinsichtlich der Sozialverträglichkeit des Technik-Einführungsprozesses und der Technik selbst durch eine irreführende Kommunikationspolitik falsche Hoffnungen gemacht werden. Es ist davon auszugehen, daß die System-Hersteller sich aufgrund ihrer besseren Kenntnis komplexer Technologien und deren Bewährung in Abnehmer-Unternehmen mehr als die System-Anwender Verantwortung dafür tragen, daß der Durchsetzungsprozeß von Innovationen reibungsfrei und in Übereinstimmung mit den Anliegen der Gesellschaft verläuft. Deswegen erscheint es wichtig, daß sich die Planung kommunikationspolitischer Maßnahmen CI-gerecht vollzieht und die integrationspolitischen Leistungsbereiche verfügbar gemacht werden, die Gegenstand der werblichen und vertriebspolitischen Argumentation sein müssen. Das gilt insbesondere für alle Aussagen und Leistungen, die Mitarbeiter in den Abnehmer-Unternehmen für Systemtechnik betreffen und von gesellschaftlicher Relevanz sind.

Die Integration von Innovations- und Socialmarketing kann nur gelingen, wenn auf der Anbieter- und Abnehmerseite Gremien mit den systembezogenen Entscheidungen und Prozessen befaßt sind, in denen ein Bewußtsein für die besprochenen sozialen Erfordernisse angelegt sind. Für die Anbieterseite ist dies durch die vorstehende Betrachtung bereits herausgefordert. Es wird im folgenden zu erörtern sein, auf welche Weise analoge Teamkonstellationen beim Abnehmer einzurichten sind.

3. Die Teambildung im Abnehmer-Unternehmen als Gestaltungsaufgabe des Innovationsmarketing

Wie bereits dargestellt, umfaßt der gesamte System-Einführungsprozeß innerhalb eines Abnehmer-Unternehmens drei Teilprozesse: Den Entscheidungsprozeß, den Präparationsprozeß und den eigentlichen Investitionsprozeß (vgl. Kapitel II, Abschnitt 4.2). An diesen Teilprozessen sind unterschiedlich zusammengesetzte Teams zu beteiligen. In Anlehnung an die Begriffswelt des traditionellen Investitionsgütermarketing werden sie als Entscheidungs-Center, Präparations-Center und Investitions-Center bezeichnet (vgl. Abbildung 12). Es ist davon auszugehen, daß nicht alle an diesen Gremien beteiligten Fachleute den gesamten System-Einführungsprozeß begleiten. Es kann vielmehr angenommen werden, daß die Abnehmer-Unternehmen bestrebt sein werden, bestimmte Knowhow-Träger an allen Gremien mitwirken zu lassen, während andere nur in einem Gremium mitwirken, weil dieses an Prozeßphasen beteiligt ist, in denen gerade ihr spezifisches Fachwissen gefragt sein wird.

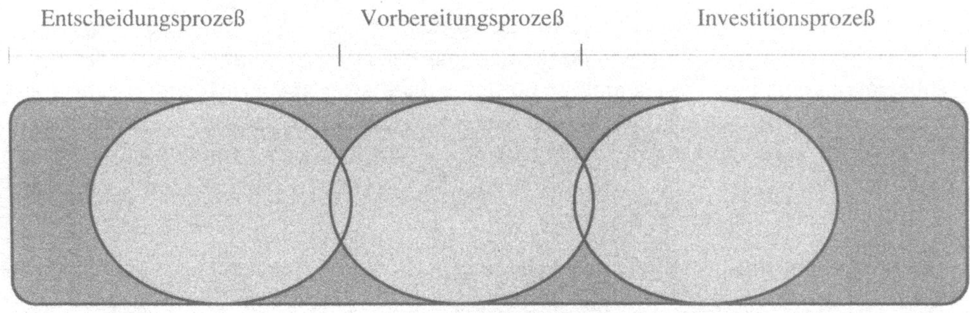

Abb. 12: Gremien im System-Einführungsprozeß

Die schon besprochene Innovatoren-Untersuchung deutet darauf hin, daß innerhalb der Abnehmer-Unternehmen noch keine klaren Vorstellungen darüber existieren, welche Gremiumsbesetzung angesichts der Tragweite einer Systeminvestition optimal ist und welche Rollenverteilung innerhalb der Gremien vorgenommen werden muß (vgl. Kapitel IV, Abschnitt 5.2; 5.3). Ausgehend von dieser Tatsache sind die System-Hersteller herausgefordert, ihre Abnehmer in bezug auf die Teamzusammensetzung und die innerhalb der einzelnen Gremien wahrzunehmenden Aufgaben zu beraten. Die Gestaltung der abnehmerseitig einzurichtenden Gremien wird damit zu einer Aufgabe, die im Innovationsmarketing zu verfolgen ist.

Dabei wird davon ausgegangen, daß den System-Herstellern an der Anreicherung der in den Abnehmer-Unternehmen wirkenden Teams mit hinreichender Sachkompetenz gelegen sein muß. Dies ist dem gesamten System-Einführungsprozeß förderlich, weil erst dadurch das erforderliche Diskussionsniveau erreicht wird, das der komplexen Sachlage gemäß ist. Auf die Zusammensetzung der Gremien soll hier im einzelnen nicht eingegangen werden. Unter dem Aspekt eines Socialmarketing ist auf das Erfordernis der Beteiligung von Fachleuten hinzuweisen, die eine Gewähr für die Berücksichtigung von Human- und Gesellschaftsaspekten bieten.

In erster Linie ist der Unternehmer selbst gefordert, der die Systemimplementierung entschieden hat. Unternehmer und Manager können sich der Verantwortung nicht entziehen, die sie mit dieser Entscheidung für die Mitarbeiter des Unternehmens und für die Gesellschaft übernommen haben. Es ist ihnen abzuverlangen, daß im Entscheidungszusammenhang eine gründliche Prüfung der Human- und Gesellschaftsverträglichkeit der präferierten Technik gewährleistet ist. Darüber hinaus müssen sie während des gesamten Einführungsprozesses sicherstellen, daß schädliche Folgen für Mensch und Gesellschaft vermieden werden. Das Durchsetzungspotential der Unternehmensleitung ist gefragt, wenn entscheidende Defizite der Herstellerleistung in dieser Hinsicht erkennbar werden.

Des weiteren dürfte es im beiderseitigen Interesse von Anbieter- und Abnehmer-Unternehmen liegen, daß die von der Systemimplementierung berührten Mitarbeiter von Anbeginn an eine positive Haltung zu diesem zukunftsweisenden Investitionsschritt einnehmen. Dies wird nur geschehen, wenn sie sich in den oben genannten Centers hinreichend vertreten sehen. Den Herstellern ist deshalb nahezulegen, den Betriebsrat als ein wichtiges Mitglied der verschiedenen Gremien in Vorschlag zu bringen, um ihn von Beginn an als Gesprächspartner zu gewinnen.

Dies setzt voraus, daß der Hersteller Schulungsmaßnahmen entwickelt, die dem Informationsbedürfnis der Personalvertreter angepaßt sind, damit diese mit hinreichender Kompetenz in ihrem Center wirken und die Diskussion mit den Fachleuten des Anbieter-Unternehmens mitgestalten können. Auf diese Weise wird am ehesten gewährleistet, daß die Anliegen der Mitarbeiter des Abnehmer-Unternehmens voll berücksichtigt werden und die Erörterung sozioökonomischer Folgen nicht unterbleibt.

Ähnliches gilt in bezug auf Mitarbeiter, die systembetroffenen Funktionsbereichen entstammen und ihre Kollegen in den mit der Investition befaßten Gremien vertreten sollten.

Aus der Einsicht, daß sich aus einer Investition in unternehmens-integrierende Systeme grundlegende Veränderungen der Personalstruktur und der Aufgabenverteilung innerhalb des Abnehmer-Unternehmens ergeben können, resultiert zwangsläufig, daß die Personalleitung in das Investitionsgeschehen einzubeziehen ist. Dabei wird davon ausgegangen, daß sich der Personalleiter in einer ähnlichen Interessenlage befindet wie der Betriebsrat und daß von ihm gleichermaßen das Bemühen ausgeht, bei allen systemgerichteten Entscheidungen Mitarbeiter- und Gesellschaftsinteressen zum Tragen zu bringen.

Für die System-Anbieter bedeutet die Berücksichtigung dieser Forderungen eine Erschwernis im Verkaufsgeschehen und im Implementierungsprozeß. Sie müssen bei einer derartigen Ausweitung der abnehmerseitig entstehenden Gremien einer größeren Interessenvielfalt Rechnung tragen und auf ein differenzierteres Meinungsspektrum eingehen. Gestalten die Hersteller selbst die einzelnen Centers in dem besprochenen Sinn, dann schaffen sie jedoch günstigere Voraussetzungen für reibungsfreie Systemverkäufe und -einführungsprozesse. Sie vermeiden, für sozioökonomische Folgen zur Verantwortung gezogen zu werden, die ohne die Einbeziehung der vorgeschlagenen Teammitglieder wahrscheinlich werden.

Die Empfehlung für ein Innovationsmarketing, das Zielsetzungen des Socialmarketing einbezieht, kann deshalb nur lauten, die zugewiesene Gestaltungsaufgabe anzunehmen, Erfahrungen hinsichtlich der optimalen Zusammensetzung von Teams innerhalb der Abnehmer-Unternehmen zu sammeln und diese bei potentiellen System-Abnehmern zu verwerten. Es wird im folgenden zu begründen versucht, warum ein so verstandenes Systemmarketing bestimmten Zwängen unterworfen wird.

4. Investitionsentscheidende Fachleute im Wertewandel

Einige Anzeichen sprechen dafür, daß neue, vom gesellschaftlichen Wandel geprägte Entscheidungsdeterminanten an Bedeutung gewinnen, die neben den üblichen technisch-wirtschaftlichen Beurteilungskriterien zu berücksichtigen sind. Ursächlich dafür ist eine durch Medien stimulierte Diskussion gesellschaftlicher Werte in der breiten Öffentlichkeit. Investitionsentscheidende Fachleute sind als Bestandteile der Gesellschaft zu verstehen. Sie können sich der Erörterung von Themen nicht entziehen, die außerhalb der Sphäre ihres Unternehmens stattfindet.

Zwei wesentliche Gründe sprechen dafür, daß investitionsentscheidende Fachleute in immer stärkerem Maße an der Thematisierung gesellschaftlicher Werte und der Prozesse des Wertewandels teilhaben. Zum einen ist zu beobachten, daß auch der Freizeitanteil von Führungskräften und leitenden Mitarbeitern zunimmt. Dies ermöglicht einen größeren Zeitraum, der in Familie, Clubs und Vereinen verbracht wird. Wenn dem so ist, dann wird auch die über Investitionen entscheidende Führungsschicht intensiver als bislang mit Vorgängen innerhalb der Gesellschaft und deren Wertvorstellungen unmittelbar konfrontiert. Es kann nicht ausbleiben, daß auf diese Weise ein mittelbarer Einfluß von privat geführten Diskussionen über gesellschaftliche Belange auf das im Unternehmen geübte Entscheidungsverhalten ausgeht. Die gemeinten Entscheider werden ihr Wirken innerhalb ihrer Unternehmen kritischer vor dem Hintergrund gesellschaftlicher Erfordernisse reflektieren, zumal anzunehmen ist, daß sie bei der Teilnahme an Gesprächen im privaten Bereich auch in bezug auf ihr Entscheidungsverhalten Rechtfertigungszwängen ausgesetzt werden.

Als zweites muß der Generationswechsel beleuchtet werden, der sich gegenwärtig auf der Ebene der Manager und Führungskräfte vollzieht. Viele der aus der Nachkriegszeit hervorgegangenen Entscheidungsträger erreichen die Pensionierungsgrenze und werden durch jüngere Nachfolger ersetzt. Die Möglichkeiten zur Frühpensionierung begünstigen diesen Prozeß. Damit kommen tradierte und verfestigte Entscheidungsroutinen abhanden; ist doch davon auszugehen, daß insbesondere an der neuen Managergeneration der gesellschaftliche Umbruch der letzten zwanzig Jahre nicht spurlos vorübergegangen ist. Sie steht vielmehr nachhaltig unter dem Einfluß heftiger gesellschaftlicher Debatten um die Problematik des Einsatzes komplexer Technologien und deren gesellschaftliche Folgen.

Derartige und andere Entwicklungen veranlassen zu der Hypothese, daß das Innovationsmarketing in Zukunft mehr als bisher auf Fachleute trifft, die in Entscheidungssituationen gesellschaftsbezogene Wertvorstellungen zum Tragen bringen und sich stärker als ihre Vorgänger um die Erweiterung der Ziele bemühen, die mit Investitionen in der Dimension von Systemen verfolgt werden sollen. Die aus dem gesellschaftlichen Wertewandel resultierenden Normvorstellungen werden damit in Zukunft eine zunehmende Rolle spielen.

Für sozial nicht engagierte System-Hersteller bedeutet dies, daß sie künftig innerhalb der Abnehmer-Unternehmen unter Zwang auf die Diskussion gesellschaftlicher Problemzonen eingehen müssen, die durch den Systemeinsatz verstärkt oder abgeschwächt werden. Auf diese Situation muß das Innovationsmarketing also eingestellt werden, schon, um den Verantwortungsbewußten unter den Entscheidern gerecht zu werden.

Auch hier gilt, daß die mit einer Systemeinführung verbundene Problematik in den meisten Abnehmer-Unternehmen noch nicht in ihrer vollen Tragweite erkannt ist. Das Bewußtsein für die mit einer Systemimplementierung eintretenden Folgen wird jedoch wachsen. Für eine Übergangszeit ist deshalb damit zu rechnen, daß nicht alle investitionsentscheidenden Fachleute den Anspruch auf eine Technik erheben, die von ihren Mitarbeitern akzeptiert und unter gesellschaftlichen Aspekten makellos ist. Dementsprechend treffen die System-Hersteller auf unterschiedliche Situationen innerhalb der Abnehmer-Unternehmen, mit denen sie aufgrund verkaufspolitischer Bemühungen in Verbindung geraten. Für sie stellt sich die Frage, ob sie sich gleichermaßen sozial verantwortlich erweisen sollen, unabhängig davon, ob sie es mit wertewandel-geprägten oder mit werte-resistenten Gesprächspartnern zu tun haben. Im letzteren Fall bestünde die Möglichkeit, einer unter Umständen brisanten Thematik auszuweichen und Diskussionen um die Human- und Gesellschaftsverträglichkeit ihres Systemangebots zu umgehen.

Es bedarf keiner Erörterung, daß ein derartiges Verhalten kaum mit einer Langfriststrategie vereinbar ist, die auf einem geschlossenen Konzept der Integration von Innovations- und Socialmarketing beruht.

Zusammenfassend kann gefolgert werden, daß die Hersteller von Systemen zunehmend mehr dem Erfordernis ausgesetzt werden, sich ihrer Verantwortung gegenüber den Mitarbeitern des Abnehmer-Unternehmens bewußt zu werden und gesellschaftsverträgliche Systemkonzeptionen zu entwerfen. Unter dieser Überzeugung ist vor allem die Vorbereitung auf den Investitionsprozeß und schließlich die Systemimplementierung zu gestalten. Damit ist eine soziale Offensivstrategie des Innovationsmarketing angezeigt. Wird diese nicht beschlossen und umgesetzt, dann geraten die System-Hersteller in Gefahr, daß ihnen die dem Wertewandel verschriebenen Gesprächspartner der Abnehmer-Unternehmen die ihnen wesentlich erscheinenden Inhalte eines vermißten Konzepts diktieren.

5. Der Sozio-Ansatz des Innovationsmarketing

In der nachstehenden Abbildung wird ein geschlossenes Konzept zur Integration des Sozio-Marketing in das Innovationsmarketing vorgestellt (vgl. Abbildung 13). Mit diesem Ansatz werden noch einmal diejenigen Wirkungsmöglichkeiten und Maßnahmen der System-Hersteller zur Darstellung gebracht, die zu einer humanen und gesellschaftsfördernden Implementierung unternehmens-integrierender Systeme beitragen können. Dabei handelt es sich um

– die Anreicherung der Corporate Identity um Normen und Zielsetzungen, die den Human- und Gesellschaftsbelangen Rechnung tragen,

– den Entwurf von Systemkonzeptionen, die alle Merkmale der Mitarbeiter- und Gesellschaftsverträglichkeit aufweisen,

– die Gestaltung einer Kommunikationspolitik, die das reale Bemühen um die Berücksichtigung menschlicher und gesellschaftlicher Belange verdeutlicht,

sowie

– die Mitgestaltung von Entscheidungsgremien innerhalb der Abnehmer-Unternehmen, in denen die Entscheidungsbeteiligten hinreichendes soziales Engagement aufweisen.

Deutlich wird, daß die Anbieter pragmatisch auf Handlungsbereiche verwiesen werden, die in ihrer Kompetenz als System-Hersteller liegen. Diese wahrzunehmen, diktieren nicht nur die aus der CI abzuleitenden sozialen Handlungsnormen. Es dürfte vielmehr ebenso im wirtschaftlichen Interesse der System-Hersteller liegen, die von ihnen zu gestaltenden System-Implementierungsprozesse auch unter dem Aspekt des sozialen Optimums bewertbar zu machen.

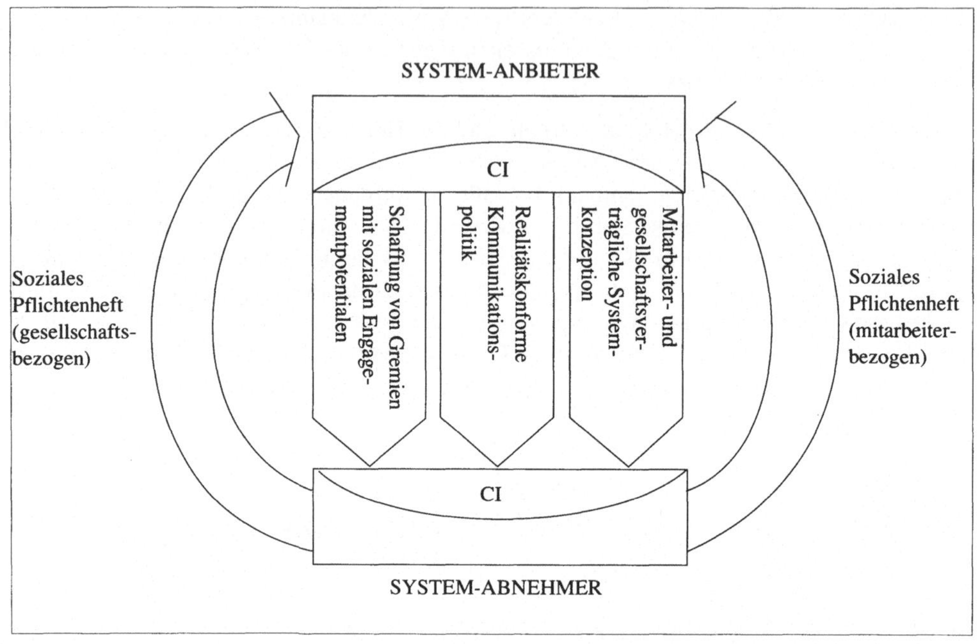

Abb. 13: Der Sozio-Ansatz des Innovationsmarketing

Gleichzeitig verdeutlicht das Modell, daß die System-Abnehmer ähnlich gefordert sind. Ihre eigene Corporate Identity muß Inhalte aufweisen, die einer Systemimplementierung entgegenstehen, bei der die Ignorierung von Mitarbeiterinteressen und der gesellschaftlichen Bedürfnislage offenkundig sind.

Ihre darauf gerichteten Anforderungen haben die System-Abnehmer gegenüber den System-Herstellern zu artikulieren. Um eine dazu geeignete dokumentarische Form anzudeuten, wird der Begriff des „Sozialen Pflichtenheftes" in Vorschlag gebracht. Es wird dabei offengelassen, ob die Abnehmer dies als ein gesondertes Papier verstehen oder als eine Ergänzung des Anforderungskataloges, in dem üblicherweise die gewünschten technischen Spezifikationen niedergelegt werden.

Bei der Nutzung derartiger Möglichkeiten zur Abforderung sozialer Verantwortung kommt es nicht allein darauf an, etwaige Defizite der System-Hersteller in dieser Hinsicht auszugleichen. Es sollen vielmehr soziale Synergien erzeugt werden, die das Ergebnis des gemeinsamen Bemühens von System-Anbietern und -Abnehmern um die Einbeziehung sozialer Ziele und Maßnahmen in das Innovationsmarketing sind.

Zusammenfassung und Ausblick

Die fortschreitenden Entwicklungen auf dem Gebiet der Systemtechnik fordern nicht nur die Marketingpraxis heraus, ihre traditionellen Vermarktungskonzeptionen zu überdenken, auch die Marketingwissenschaft ist aufgefordert, konkrete Vorschläge für das Marketing innovativer Systeme zu unterbreiten. Mit dem in diesem Buch beschriebenen Ansatz zum Innovationsmarketing wurden neue Instrumente und Methoden vorgestellt, die den Anforderungen eines Marketing im Systemgeschäft Rechnung tragen. Insgesamt zeichneten sich dabei folgende Instrumente und Instrumentarbereiche ab:

Tabelle 6: Marketing-Instrumentarbereiche im Systemgeschäft

INTEGRATIONSPOLITIK	PRODUKT- UND ENTWICKLUNGS-POLITIK	KOMMUNIKATIONS-POLITIK	FUNKTIONSPOLITIK

Präparationspolitik
• **Entwicklung einer Investitionsstrategie**
  Festlegung der Investitionsschritte
  Fixierung der Investitionszeiträume
  Zeitraumbezogene Investitionsrechnung
• **Verobjektivierung des technischen Entwicklungsprozesses**
• **Planung der Organisationsanpassung**
• **Auswahl der Investitionsobjekte**
  Zuordnung zu den Investitionszeiträumen
  Präzisierung des Gesamtsystems
• **Methoden der Mitarbeitermotivation**
• **Entwicklung von Qualifizierungsprogrammen**
  Managementschulung
  Spezialistenschulung
  Bediener-/Nutzervorbereitung
• **Klarstellung sozioökonomischer Folgen/Beratung**
Implementierungspolitik
	• **Entwicklung von Systemkomponenten**
	  Neuentwicklung
	  Weiterentwicklung
	• **Entwicklung von Systemkonzeptionen**
		• **User-Groups**
		• **Technischer Verkäufer**
		• **Werbung**
		  Fachzeitschriften
		  Überregionale Tages- und Wirtschaftspresse, Nachrichten-Magazine
		  Direkt-Werbemittel
		  Firmen- und Hauszeitschriften
		  Industriefilme
		• **Messen**
		  Technische Mehrbranchen-Messe
		  Fachmesse
		• **Referenzunternehmen**
		• **Neue Kommunikationstechniken**
			• **Kontrolle des abgeschlossenen Investitionsschrittes**
			• **Angleichung des Unternehmens an geschaffene Gegebenheiten**
			• **Technische Nachjustierung**
			• **Softwareanpassung**
			• **Reparatur- und Ersatzteildienst**
			• **Bediener-/Nutzertraining**

Aus dieser Tabelle wird deutlich, daß insbesondere im Bereich der Integrationspolitik ein spezifisches Instrumentarium entwickelt wurde, das den Gegebenheiten des technischen Entwicklungsprozesses gerecht wird. Dieser auf die Entwicklung einer Partnerschaft zwischen System-Hersteller und System-Abnehmer ausgerichtete Instrumentarbereich ist mit seinen Instrumenten Präparations- und Implementierungspolitik wesentlicher Bestandteil eines realitätsnahen Innovationsmarketing (vgl. Kapitel V).

Aber auch mit den Besprechungen der anderer Instrumentarbereiche konnten bereits Marketinginstrumente vorgestellt werden, die Herstellern innovativer Systemtechnik ein erfolgreiches Agieren im Systemgeschäft ermöglichen. So bildet der eng mit der Integrationspolitik verknüpfte Instrumentarbereich Funktionspolitik ein wichtiges Korrektiv im gesamten System-Investitionsprozeß (vgl. Kapitel V, Abschnitt 3); und die im Rahmen der Kommunikationspolitik vorgestellten Instrumente „User-Groups" und „Referenzunternehmen" tragen den hohen Informationsansprüchen von System-Investoren Rechnung (vgl. Kapitel VI, Abschnitt 1 und 2).

Für die weitere Forschungsarbeit gilt jedoch, vor allem den Instrumentarbereich der Produkt- und Entwicklungspolitik weitergehend zu analysieren. Die in Ansätzen bereits besprochene Zweiteilung dieses Instrumentarbereichs in die Instrumente Entwicklung von Systemkomponenten und Entwicklung von Systemkonzeptionen ist in der Zukunft näher zu spezifizieren (vgl. Kapitel V, Abschnitt 1). Eine Aufgabe, die aus der Sicht des Marketing-Grundgedankens eine entscheidende Bedeutung erlangen wird.

Für den Bereich einer systemadäquaten Marktsegmentierung wurden bereits künftige Zielsetzungen der Marketingforschung benannt (vgl. Kapitel IV, Abschnitt 5.3). In Beobachtung des technischen Entwicklungsprozesses gilt es hier zu erfassen, welche Charakteristika eine weitergehende Beschreibung der Innovatoren zulassen. Klarere Vorstellungen für eine zielgerichtete kommunikationspolitische Ansprache dieser Innovatoren könnten darauf aufbauend entwickelt werden.

Mit dem hier skizzierten Forschungsprogramm werden Aufgaben deutlich, deren Lösungen zu einer weiteren Ausgestaltung des Innovationsmarketing beitragen könnten. Auf der Grundlage des in diesem Buch vorgetragenen Ansatzes ist jedoch bereits ein richtungweisendes Votum auszusprechen: Für die Hersteller von Systemtechnik ist die Entwicklung partnerschaftlicher Beziehungen zu den Abnehmern, die im Ergebnis auch auf den Gedanken des Socialmarketing aufbauen müssen, Erfolgsfaktor in ihrem Geschäftsbereich.

Literaturverzeichnis

Ansoff, H.I. (1976): Managing surprise and discontinuity – strategic response to weak signals. Die Bewältigung von Überraschungen – Strategische Reaktionen auf schwache Signale, in: ZfbF 28 (1976), S. 129-152.

Backhaus, K. (1982): Investitionsgüter-Marketing, München 1982.

Backhaus, K./Günter, B. (1976): A Phase-Differentiated Interaction Approach to Industrial Marketing Decisions, in: IMM, 5 (1976), S. 255-270.

Backhaus, K./Weiber, R. (1987): Systemtechnologien – Herausforderung des Investitionsgütermarketing, in: HM, (1987), Nr. 4, S. 70-80.

Bagozzi, R.P. (1974): Marketing as an Organized Behavioral System of Exchange, in: JoM, 38 (1974), No. 4, S. 77-81.

Baur, H. (1984): Telekommunikation zwischen den Büros - heute und künftig, in: Witte, E. (Hrsg.): Bürokommunikation, ein Beitrag zur Produktivitätssteigerung, Berlin-Heidelberg-New York-Tokyo 1984, S. 244-262.

Becker, J. (1983/1988): Grundlagen der Marketing-Konzeption, Marketingziele, Marketingstrategien, Marketingmix, München 1983, 2. Aufl.: Marketing-Konzeption, München 1988.

Behrens, K. Chr. (1974): Grundbegriffe und Gegenstände der Marktforschung, in: Behrens, K. Chr. (Hrsg.): Handbuch der Marktforschung, Wiesbaden 1974, S. 5-12.

Bidlingmaier, J. (1973): Marketing, Bd. I und II, Reinbek bei Hamburg 1973.

Birkigt, K./Stadler, M. (1980): Corporate Identity, Grundlagen, Funktionen, Fallbeispiele, München 1980.

Bock, J. (1987): Die innerbetriebliche Diffusion neuer Technologien, Einflußfaktoren bei Innovationsprozessen auf der Grundlage der Mikroelektronik im Investitionsgüterbereich, Berlin 1987.

Böhler, H. (1988): Methoden der Marktforschung, in: Technischer Vertrieb, hrsg. v. W. Plinke, Projektgruppe Technischer Vertrieb, Freie Universität Berlin, Berlin 1988.

Braun, H. (1983): Corporate Identity, in: Rost, D./Strothmann, K.-H. (Hrsg.): Handbuch Werbung für Investitionsgüter, Wiesbaden 1983, S. 183-194.

Brepohl, K. (1983): Die künftige Bedeutung neuer Kommunikationstechniken, in: Rost, D./Strothmann, K.-H. (Hrsg.): Handbuch Werbung für Investitionsgüter, Wiesbaden 1983, S. 431-449.

Bullinger, H.-J./Niemeier, J./Huber, H. (1987): Computer Integrated Business (CIB)-Systeme, in: CIM Management, (1987), 3, S. 12–19.

Chéron, E.J./Kleinschmidt, E.J. (1985): A review of industrial market segmentation research and a proposal for an integrated segmentation framework, in: IJoRM, 2 (1985), S. 101-115.

Cooper, R.G. (1979): The Dimensions of Industrial New Product Success and Failure, in: JoM, 43 (1979), No. 3, S. 93-103.

Cooper, R.G. (1980): Project NewProd: Factors in New Product Success, in: EJoM, 14 (1980), S. 277-292.

Duch, K. Chr. (1985): Die sieben „I" der erfolgreichen Innovation, in: HM, (1985), Nr. 4, S. 94-98.

Eigner, M./Maier, H. (1985): Einstieg in CAD, Lehrbuch für CAD-Anwender, München 1985.

Engelhardt, W.H./Günter, B. (1981): Investitionsgüter-Marketing, Anlagen, Einzelaggregate, Teile, Roh- und Einsatzstoffe, Energieträger, Stuttgart-Berlin-Köln-Mainz 1981.

Evans, F.B. (1963): Selling as a Dyadic Relationship – A new Approach, in: American Behavioral Scientist, 6 (1963), No. 9, S. 76-79.

Festinger, L. (1957): A Theory of Cognitive Dissonance, Stanford 1957.

Festinger, L. (1964): Conflict, Decision and Dissonance, Stanford 1964.

Fotilas, P. (1983): Mikroelektronik im Industriebetrieb, betriebswirtschaftlich-organisatorische Auswirkungen auf Produktentwicklung und Produktionsprozeß, Berlin 1983.

Frank, R.E./Massy, W.E./Wind, Y. (1972): Market Segmentation, Englewood Cliffs, N.J. 1972.

Gabel, J. (1983): Vom Transistor zum Gate Array – Vor 35 Jahren begann die Mikroelektronik, in: etz, Bd. 104 (1983), Nr. 2, S. 59-63.

Gemünden, H.G. (1979): Transaktionsmarketing, Saarbrücken 1979.

Gemünden, H.G. (1981): Innovationsmarketing, Interaktionsbeziehungen zwischen Hersteller und Verwender innovativer Investitionsgüter, Tübingen 1981.

Goldrian, G. (1984): Externe Datenbanken: Neue Ansätze der Sekundärmarktforschung, in: Zentes, J. (Hrsg.): Neue Informations- und Kommunikationstechnologien in der Marktforschung, Berlin-Heidelberg-New York-Tokyo 1984, S. 84-104.

Gröne, A. (1977): Marktsegmentierung bei Investitionsgütern, Analyse und Typologie des industriellen Kaufverhaltens als Grundlage der Marketingplanung, Wiesbaden 1977.

Günter, B./Kleinaltenkamp, M. (1987): Marketing-Management für neue Fertigungstechnologien, in: ZfbF, 39 (1987), S. 323-354.

Hagen, F. v./Baaken, Th. (1986): Marktforschung für technische Innovationen, in: planung und analyse, 13 (1986), S. 285-287.

Håkansson, H./Östberg, C. (1975): Industrial Marketing: An Organizational Problem?, in: IMM, 4 (1975), S. 113-124.

Håkansson, H./Johanson, J./Wootz, B. (1976): Influence Tactics in Buyer-Seller Processes, in: IMM, 5 (1976), S. 319-332.

Hammann, P. (1985): Marktsegmentierung, in: Technischer Vertrieb, hrsg. v. W. Plinke, Projektgruppe Technischer Vertrieb, Freie Universität Berlin, Berlin 1985.

Hammann, P./Erichson, B. (1978): Marktforschung, Stuttgart-New York 1978.

Helberg, P. (1988): PPS als CIM-Baustein, Gestaltung der Produktionsplanung und -steuerung für die computerintegrierte Produktion, Berlin-Bielefeld-München 1988.

Hermanns, A. (Hrsg.) (1986): Neue Kommunikationstechniken, München 1986.

Hlavacek, J.D./Reddy, N.M. (1986): Identifying and qualifying industrial market segments, in: EJoM, 20 (1986), S. 8-21.

Kaiser, W. (1986): Hardware und Software: Entwicklungslinien, in: Afheldt, H./Martin, H.-E./Schrape, K. (Hrsg.): Neue Techniken der Bürokommunikation, Landsberg a. Lech 1986, S. 23-30.

Kirsch, W./Kutschker, M. (1974): Investitionsgütermarketing, in: Marketing Enzyklopädie, Band 1, München 1974, S. 1027-1042.

Kirsch, W./Kutschker, M. (1978): Das Marketing von Investitionsgütern, Theoretische und empirische Perspektiven eines Interaktionsansatzes, Wiesbaden 1978.

Klages, H. (1984): Wertorientierungen im Wandel. Rückblick, Gegenwartsanalysen, Prognosen, Frankfurt/M.-New York 1984.

Klages, H./Kmieciak, P. (Hrsg.) (1979/1981): Wertwandel und gesellschaftlicher Wandel, Frankfurt/M.-New York 1979, 2. Aufl. 1981.

Kliche, M. (1985): Marktsegmentierung für technische Innovationen – dargestellt am Beispiel des Industrieroboters, VDI Fortschritt-Berichte Reihe 16, Nr. 28, Düsseldorf 1985.

Kliche, M./Pörner, R. (1987): Qualifizierung und Personalschulung als Instrumente des Technologie-Marketing, Ansatzpunkte auf dem Wege zu einer Integrationspolitik, in: Baaken, Th./Simon, D. (Hrsg.): Abnehmerqualifizierung als Instrument des Technologie-Marketing, Personalentwicklung beim Kunden – eine Herausforderung für Anbieter innovativer Technologien, Berlin 1987, S. 237-250.

Kliche, M./Strothmann, K.-H. (1987): Marktforschung für technische Innovationen - Ansatzpunkte auf der Grundlage einer fraktionierten Informationsgewinnung, in: Jahrbuch der Industriewerbung 1987, Wiesbaden 1987, S. 90–96.

Kliche, M./Tomczak, T. (1988): Innovationspositionen im industriellen Wettbewerb, Teil I: Innovationswettbewerb: Orientierungsbasis für High-Tech-Unternehmen, in: Der Betriebsleiter, 29 (1988), Nr. 5, Sonderteil: Fabrik der Zukunft, S. 18-22.

Klipstein, M. v./Strümpel, B. (Hrsg.) (1985): Gewandelte Werte – Erstarrte Strukturen. Wie die Bürger Wirtschaft und Arbeit erleben, Bonn 1985.

Knetsch, W./Kliche, M. (1986): Die industrielle Mikroelektronik-Anwendung im Verarbeitenden Gewerbe der Bundesrepublik Deutschland, VDI-Technologiezentrum Informationstechnik Berlin (Hrsg.), Haar bei München 1986.

Köhler, R./Uebele, H. (1983): Marktsegmentierung in der Industrieelektronik, eine empirische Untersuchung von Kaufentscheidungskriterien beim Kauf von Produkten der Industrieelektronik, Würzburg 1983.

Kotler, Ph. (1984): Marketing Management, Analysis, Planning and Control, 5. ed., Englewood Cliffs, N.J. 1984.

Kutschker, M./Kirsch, W. (1978): Verhandlungen in multiorganisationalen Entscheidungsprozessen, München 1978.

Lantermann, F.W. (1974): Innerbetriebliche Daten als Quellen von Sekundäranalysen, in: Behrens, K. Chr. (Hrsg.): Handbuch der Marktforschung, Wiesbaden 1974, S. 733-743.

Mattsson, L.-G. (1973): Systems Selling as a Strategy on Industrial Markets, in: IMM, 3 (1973), S. 107–120.

Meffert, H. (1986): Marketing, Grundlagen der Absatzpolitik, 7. Aufl., Wiesbaden 1986.

More, R.A. (1984): Timing of Market Research in New Industrial Product Situations, in: JoM, 48 (1984), No. 4, S. 84-94.

Müller, G. (1986): Strategische Frühaufklärung – Stand der Forschung und Typologie der Ansätze, in: Marketing-ZFP, 11 (1986), S. 248-255.

Noyce, R.N. (1982): Microelectronics, in: Forester, T. (Hrsg.): The Microelectronics Revolution, Oxford 1982, S. 29-41.

Pfeiffer, W./Metze, G./Schneider, W./Amler, R. (1982): Technologie-Portfolio zum Management strategischer Zukunftsgeschäftsfelder, Göttingen 1982.

Plank, R.E. (1985): A Critical Review of Industrial Market Segmentation, in: IMM, 14 (1985), S. 79-91.

Porter, M.E. (1984): Wettbewerbsstrategie (Competitive Strategy). Methoden zur Analyse von Branchen und Konkurrenten, dt. Übersetzung, 2. Aufl., Frankfurt/M. 1984.

Raffée, H./Wiedmann, K.-P. (1985): Wertewandel und gesellschaftsorientiertes Marketing – Die Bewährungsprobe strategischer Unternehmensführung, in: Raffée, H./ Wiedmann, K.-P. (Hrsg.): Strategisches Marketing, Stuttgart 1985, S. 552-611.

Robertson, A. (1973): The Marketing Factor in Successful Industrial Innovation, in: IMM, 2 (1973), S. 369-374.

Rothwell, R./Freeman, C./Horlsey, A./Jervis, V./Robertson, A./Townsend, J. (1974): SAPPHO updated – Project SAPPHO phase 2, in: Research Policy, 3 (1974), S. 258-291.

Scheer, A.-W. (1987): CIM – Der computergesteuerte Industriebetrieb, Berlin-Heidelberg-New York-London-Paris-Tokyo 1987.

Scheuch, F. (1975): Investitionsgüter-Marketing, Grundlagen-Entscheidungen-Maßnahmen, Opladen 1975.

Schmalen, H./Pechtl, H. (1989): Erweiterungen des dichotomen Adoptionsbegriffes in der Diffusionsforschung, ein Fallbeispiel aus dem Bereich der kommerziellen PC-Software-Anwendung, in: Jahrbuch der Absatz- und Verbrauchsforschung, 35 (1989), Nr. 1, S. 92-120.

Schnedlitz, P. (1986): Aktuelle Trends in der internationalen Marktforschung, in: Marktforschung, (1986), Nr. 2, S. 52-57.

SEL-Stiftung für technische und wirtschaftliche Kommunikationsforschung im Stifterverband für die Deutsche Wissenschaft (Hrsg.) (1987): Zusammenwirken von Mensch und Technik, Ein Diskussionsprotokoll von Wolf Rauch, SEL-Stiftungs-Reihe 3, 1987.

Sommerlatte, T. (1986): Die Veränderungsdynamik, die uns umgibt. Ist das Unternehmen ausreichend darauf eingestellt?, in: Arthur D. Little Int. (Hrsg.): Management der Geschäfte von morgen, Wiesbaden 1986, S. 1-15.

Spekman, R.E. (1981): Segmenting Buyers in Different Types of Organizations, in: IMM, 10 (1981), S. 43-48.

SPIEGEL-Verlag (Hrsg.) (1972): Entscheidungsprozesse und Informationsverhalten in der Industrie, Hamburg 1972.

SPIEGEL-Verlag (Hrsg.) (1988): Innovatoren - eine Pilotstudie zum Innovationsmarketing in Maschinenbau und Elektroindustrie, Hamburg 1988.

Staehle, W.H. (1977): Die Arbeitssituation als Ausgangspunkt von Arbeitsgestaltungsempfehlungen, in: Reber, G. (Hrsg.): Personal- und Sozialorientierung der Betriebswirtschaftslehre, Bd. 1, Stuttgart 1977, S. 223-249.

Steffenhagen, H. (1975): Industrielle Adoptionsprozesse als Problem der Marketingforschung, in: Meffert, H. (Hrsg.) Marketing heute und morgen, Wiesbaden 1975, S. 107-125.

Strothmann, K.-H. (1972): Marktforschung für Investitionsgüter, in: Ott, W. (Hrsg.): Handbuch der praktischen Marktforschung, München 1972, S. 787-795.

Strothmann, K.-H. (1973): Das Verhältnis von Produkt- und Firmenimage – Generelle Erkenntnisse der Imageforschung. Tagungsbericht vom 4. Forum für die Industriewerbung in Deutschland am 8./9. Nov. 1973, Die Welt (Hrsg.), Hamburg 1973.

Strothmann, K.-H. (1977): Die Bedeutung der Preispolitik im Investitionsgütermarketing, in: Haedrich, G. (Hrsg.): Operationale Entscheidungshilfen für die Marketingplanung, Berlin-New York 1977, S. 133-142.

Strothmann, K.-H. (1979): Investitionsgütermarketing, München 1979.

Strothmann, K.-H. (1986): Image-Politik für innovative Technologien - neue Dimensionen, in: Innovation, (1986), Nr. 1, S. 53-56.

Strothmann, K.-H. (1987 a): Innovationsmarketing – Herausforderung für Theorie und Praxis, in: Baaken, Th./Simon, D. (Hrsg.): Abnehmerqualifizierung als Instrument des Technologie-Marketing, Personalentwicklung beim Kunden – eine Herausforderung für Anbieter innovativer Technologien, Berlin 1987, S. 181-200.

Strothmann, K.-H. (1987 b): Innovative Technologien als Herausforderung des Investitionsgüter-Marketing, in: THEXIS, 4 (1987), Nr. 1, S. 3.

Strothmann, K.-H. (1987 c): Innovations-Marktforschung auf Messen, in: Marktforschung, (1987), Nr. 1, S. 4-8.

Strothmann, K.-H./Baaken, Th./Kliche, M./Pörner, R. (1987 a): Der Einsatz von CAD/CAM-Systemen in der Investitionsgüter-Industrie, Würzburg 1987.

Strothmann, K.-H./Baaken, Th./Kliche, M./Pörner, R./Stiefel-Rechenmacher, R. (1987 b): Merkmale innovativer Unternehmen der Investitionsgüter-Industrie, Würzburg 1987.

Strothmann, K.-H./Baaken, Th./Kliche, M./Pörner, R./Stiefel-Rechenmacher, R. (1988): Integrationspolitik und Technologie-Beobachtung im Innovationsmarketing, Würzburg 1988.

Tucker, W.T. (1964): The Social Context of Economic Behavior, New York 1964.

Webster, F.E./Wind, Y. (1972): Organizational Buying Behavior, Englewood Cliffs, N.J. 1972.

Wildemann, H. (1986): Strategische Investitionsplanung für neue Technologien in der Produktion, in: Strategische Investitionsplanung für neue Technologien, Schriftleitung: Albach, H./Wildemann, H., ZfB-Ergänzungsheft, 1/1986, Wiesbaden 1986, S. 1-48.

Wilson, D.T. (1971): Industrial Buyers̓ Decision-Making Styles, in: JoMR, 8 (1971), S. 433-436.

Wind, Y. (1978): Issues and Advances in Segmentation Research, in: JoMR 15 (1978), S. 317-337.

Wind, Y./Cardozo, R. (1974): Industrial Market Segmentation, in: IMM, 3 (1974), S. 153-166.

Witte, E. (1973): Organisation für Innovationsentscheidungen – Das Promotorenmodell, Göttingen 1973.

Ziegler, R. (1981): Die Relevanz feldtheoretischer Erkenntnisse für die Erklärung des interpersonellen und interorganisationalen Entscheidungsverhaltens bei Investitionen, Diss. Berlin 1981.

Stichwortverzeichnis